人生何处

不低谷。 ◁

其实，
你什么
都不用怕，
生活
从来不会
亏待真正努力
的人。

梦一场，
笑一场，
痛一场，
然后感叹，
原来
这就是青春。

每天
都冒出
很多念头，
那些
不死的
才叫作
梦想。

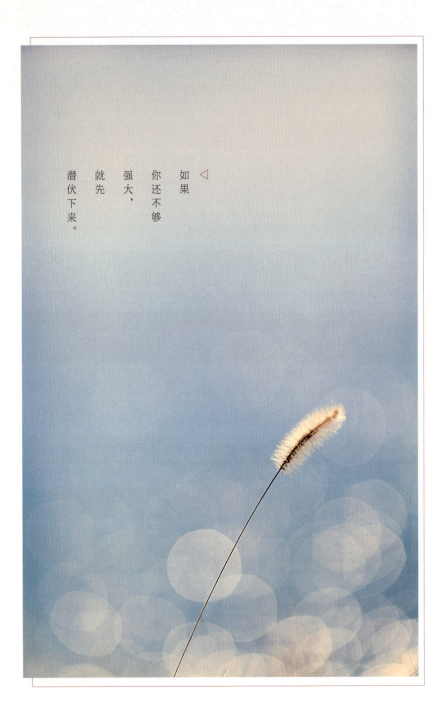

如果
你还不够
强大，
就先
潜伏下来。

心若不动，
风又奈何；
你若不伤，
岁月无恙。

藏地，
我走了，
你还在那里。
任凭人来人去，
不悲不喜，
爱的
就是这份随意。

生活给你的，

to Overcome
the Suffering of Life

一定
是你能承受的

廖宇靖 一 著

天津出版传媒集团

天津人民出版社

图书在版编目（CIP）数据

　　生活给你的，一定是你能承受的 / 廖宇靖著.--天津：
天津人民出版社，2016.7
　　ISBN 978-7-201-10581-9

　　Ⅰ.①生… Ⅱ.①廖… Ⅲ.①成功心理—通俗读物
Ⅳ.①B848.4-49

中国版本图书馆CIP数据核字（2016）第150722号

生活给你的，一定是你能承受的
SHENGHUO GEINIDE YIDING SHI NINENG CHENGSHOUDE

出　　版	天津人民出版社
出 版 人	黄　沛
地　　址	天津市和平区西康路35号康岳大厦
邮政编码	300051
邮购电话	（022）23332469
网　　址	http://www.tjrmcbs.com
电子信箱	tjrmcbs@126.com

责任编辑	陈　烨
选题策划	查菁敏
内文设计	邱兴赛
封面设计	仙　境

制版印刷	北京玥实印刷有限公司印刷
经　　销	新华书店
开　　本	880×1230毫米　1/32
印　　张	8.75
插　　页	8
字　　数	150千字
版次印次	2016年7月第1版　2016年7月第1次印刷
定　　价	35.00元

生活给你的，
一定是你能承受的

提笔写下这个标题的时候，我有些犹豫。因为我难以确定，人生那么多的悲欢离合是否真的都是最好的安排？若不是这样，这本书的主题又如何延伸继续？

我们所有人都在经历从生下来便一路跌跌撞撞、孤独迷茫，在前进的路上遭遇坎坷波折的状况。

多年前，我带着一本刚写好的小说从绵阳坐了 40 个小时的火车来到北京和出版商见面，与他喝了两个下午的咖啡，聊了很多。最后，我强装笑颜，起身，离开。的确，我又被拒绝了。

数数看，这已经是被我写废的第三本书了。打开邮箱，还有 98 封退稿信冰冷地躺在我灵魂的深处。

站在北京西站的天桥上，城市的夜，华灯闪烁，一人一影徘徊街头，行色匆匆的人们谁都没有多看我一眼。因为是春运，回去的火车没有座位。我像个乞丐一样坐在两节车厢的连接处，买了三瓶二锅头。先是哭，再是笑。

这么多年我一直在努力地码字，做梦都想出一本畅销书，为什么我一直失败，有人却能轻而易举地获得成功？为什么有人一出生就可以不为生活所忧，而我却须为此奔波不辍？

我想不明白，索性就不想了。什么是生活？生活就是生下来，活下去。生下来容易，活下去难。

后来，我去了川西高原，做了警察，曾经握笔的手拿起了枪。再后来，那些年被出版社拒绝的作品都获得了出版。我坐在光彩熠熠的卡洼洛日雪山下，耳旁是风鸣般的诵经声。在佛光闪闪的高原，我突然明白：生活给你的，一定是你能承受的。

这世界哪有毫无缘由的横空出世，所有所谓的轻而易举，都是多年苦心修炼沉默不语的自我救赎。

《川藏秘录》出版后，我去全国各地演讲，见到了无数读者，我尝试用最放松的方式为他们讲述发生在自己和朋友身上的故事。在西南交通大学演讲的时候，有一个扎着马尾辫的藏族女孩对我说，你再出一本书吧，不要写小说了，就讲你自己的故事。

我有什么故事呢？一个人，我用了十年光阴，从内陆到高原，再从高原到成都，当初那个青涩男生已经初为人父。瞬息万变的过往，留下这些你即将看到的文字。

我们都是再平凡不过的普通人。我站在世界的某个角落，默默地凝视着生命中稍纵即逝的点滴。夜深人静的时候，我将这些故事记录下来。三生有幸，让我遇见你们，并可以用手中的笔记录下你们身上发生的一切。

这本书的文字，都是发生在自己和朋友身上一个个鲜活的故事。如果你也和我一样，是一个遭受无数挫折仍没有放弃努力的人，那么，你应该会喜欢我的文字，喜欢我给你讲的故事，喜欢书里的这些人。若干年后，假如我们还能想起那段时光，也许它不属于难忘，也不属于永远，而仅仅是一段记录了成长经历的回路。

30岁了，青春真的要散场了，我们等待下一场开幕，等待在我们前面的旅途里，迎着阳光，勇敢地飞向心里的梦想；等待在我们前面的故事里，就着星光，回忆这生命最美好的光阴。

我会化作夜空中那最明亮的星星，在黑暗中，照亮你们前进的路。若有缘，我还想和你们在一起。

愿有我的文字陪伴，让你不再孤单。

CONTENTS

目录

▷ Chapter 1

我一无所有，却拥有世界

目录

▷ Chapter 2

不必纠结，你想要的时间终将给你

CONTENTS

目录

▷ **Chapter 3**

愿你被这世界温柔相待

CHAPTER

▷ 1

我一无所有，
却拥有世界

生活给你的，

一定是你能承受的

▷ 青春若有张不老的脸，
　但愿你永远不被改变

再过几个钟头，你的生日就要过去了。此刻我打开电脑，想着写点儿什么给你。从何说起呢？

1

嘿，NANA。

你还记得我们的初次相遇吗？

我只顾着我一个人拼命地说，你的事情我一点儿都没问。

不过，谁让你是 NANA 呢，我想就算问了，你也肯定不会回答的吧。

这是一个俗套的生日礼物，虽然我知道你也不在意。

原谅我，因为要写太多故事，实在懒得再去揣摩姑娘的心理，也不知道送什么合你心意。

我没有别的本领，不太会挑礼物，嘴巴也不甜，说不出太多美好的祝福语，也就只会写几个字了。

我朋友很多，只是大多数都是酒肉朋友，在我以前的理解里，朋友不就是一起享受今朝有酒今朝醉的人吗？

我在心里给他们全部分了类，每个人负责不同的角色，利益使然，已经学不会不抱着目的去交朋友，直到遇见你。

我是天生的悲观主义者，在18岁到29岁最会找别扭的这个阶段，我一直没办法成长为一个开朗的人。我最喜欢做的事就是摆酷，收起笑容冷眼看人，隐藏起自己，和任何人都不提永久，厌倦玩"真心话大冒险"。

就像NANA。

2

嘿，NANA。

NANA就像一只任性的小野猫，

虽然过着自由的生活，

但是心中有着始终难以愈合的伤口吧。

而你是个什么样的人呢？

你就像身上装着电动小马达，无时无刻不在亢奋，情绪永远在制高点，随时都在散发正能量，影响着周围所有人。所以一开始我对你的印象，只觉得你是个没心没肺的姑娘。

直到后来有一次，你加班到很晚，和我聊起了天。

我以为无非是工作累了，或者客户为难了你，正想着和你说些"明天都会好的"的虚伪话来安慰你，你突然开口："我不知道为什么要重复这种日复一日的生活，陀螺一样。"

我在那一刻就明白了你，这个水瓶座的姑娘和我有着同样敏感的内心，她只不过是选择成为鸵鸟，在危险来临之前把头埋入草堆里，以为自己眼睛看不见就是安全的。

我答道："其实是为了自己，但总是没办法给自己洗脑，也不知道何时才是个头。"

你说："认识你真好，你好懂我。"

我说："像世界上的另一个我。"

3

NANA，

这世界上，

一定有另一个我，

做着我不敢做的事，过着我想过的生活。

2016 年的春天，我曾经给朋友写过一个专栏：给 30 岁自己的一封信，其实那里面的每一封都是写给迷茫期的自己。

在我心里一直有个模糊的界限。30 岁之前，就是我的糊涂时代，那时候我疯疯癫癫地活着，想尽办法耍帅，使劲讨好所有人，爱一个人就撒欢去爱。

29 岁开始，我突然意识到我再也没有这种任性的权利，所以更明白自己要做的是什么，努力抓紧时间去实现，并且不再强求外人理解我，仍然还会爱上一个人，只是爱得很理智。

所以，亲爱的你，我不希望你变得如我这般现实，我希望你过得快活，不在乎那些生存之道，讨厌什么就说，喜欢酒就饮酒，爱一个人就去见他，别忍着，尽力痛快地爱一场。

你要简单、坚定、勇敢、纯粹，活得像个少年。

我盼望着自己能为你开路，把前方所有的坎坷都告诉你。

4

对不起，NANA，

我想，

我还没有成熟到可以原谅背叛。

但是我还是要对你嘱咐几句，以一个比你大五岁的大人心态。

我 25 岁之后学到的最重要的人生经验就是，不要把爱分给不值得的人。我始终希望你能尽力爱一场，但我不希望，你爱到伤害自己。

你的上一段恋情是以对方出轨而告终，我知道你很爱他，也曾经试图原谅他所犯下的错，甚至自欺欺人，期望他能重新变好。你害怕他离开，所以故意选择视而不见，掩耳盗铃般。

可遗憾的是，你的大度没能换来对方的珍惜。

我知道你又有了新恋情，我虽没有见过他，但我内心期盼，他是个坦荡君子。

说举案齐眉还太早，说天长地久又好俗气，那就祝愿他能毫无保留地爱着你的真我，给你足够安全感，希望你们能接受彼此生活里的一地鸡毛，一起面对前路未知的挑战。

因为你这样一个美好善良的好姑娘，值得这世界上所有最好的爱。

5

"刚到东京的我，曾经很担心自己究竟能否在这里生活下去，但在与 NANA 一起的生活中，竟然不可思议的没有感受到一丝不安。"

有时候翻着那些聊天记录，满满都是默契。你走心，我听。你沉默我就陪你发呆，而这空白并不尴尬。

感谢物以类聚，感谢我的灵魂曾遇见你。

人生得一知己不易，写给你24岁的最后一天。

青春若有张不老的脸，但愿你永远不被改变。

▷ 我要去高原

我所在的南方小城偏居一隅，所以当安妮的《莲花》在北京上市一个月后都不曾出现在我们这里。我从贝塔斯曼邮订了，但断货多时迟迟没有发过来。

18岁生日的那个午后，我用了整整一个下午看完了《莲花》。

然后，长时间不说话，眼睛没有焦点的长时间看着一个地方，周围是吵闹的同学，我将自己反锁进自己的世界里思考。我突然又不记得自己在做些什么，我所做的有什么意义。

看完安妮的书会长时间回不过神，被她掌心的黑洞引领向另一个世界——她所创造的世界。

灵与肉，遭遇分离，故事是一场必然。可是，过程的惊心动魄是没有行走过那一段路的人感觉不到的。在那奇怪的瞬间，我跟着她看到了死神的样子。

我记下了徒步去往墨脱的路线。拉萨，八一镇，林芝，羌纳，丹娘，派乡，多雄拉，拉格，汗密，背崩，雅让。

然后到达墨脱。从墨脱到108K，80K到波密，乘车回到拉萨。

我记下了海拔3658米的拉萨，有着庆昭和善生居住过的日玛旅馆，玛吉阿米的露天阳台，八廓街的雪域餐厅，拉萨博物馆，布达拉宫，烟火鼎盛的哲蚌寺，哲蚌寺在雪顿节的庆典上的晒佛仪式：展佛像唐卡，燃烧松枝，唱歌跳舞，狂欢。

我记下了拉萨的小店里有卖《喜玛拉雅》的CD。第二首《Norbu》和第十一首《Karma》是安妮所喜欢的，还有庆昭手中的那本《中阴得度》以及出发必备的物品：手电筒、电池、睡袋、绑腿、巧克力、白酒、香烟、创可贴⋯⋯

桑耶寺，西藏最早的一座寺庙，山南，雅鲁藏布江的北岸，从桑耶渡口坐船到达，桑耶大殿一至二层转经廊内有西藏技艺最精湛的壁画，壁画用的是纯天然的染料，红色是珊瑚、蓝色是青金石、绿色是松石，不会损坏，只会败落。

我记下了拉萨附近热门的阿里和珠峰，还有纳木错。

我记下了安妮笔下的那个东海边上的小村庄，儒雅。

我记下了内河送给善生的那本一九八二年版的《辩证法史》，封面是四分之一的暗蓝和四分之三的灰白色块，用白色细线分界，第一章是关于伊·康德的论述，里面有一页写有内河的一首诗《出发》：无可置疑，我的爱人／这一刻你必须信任我／黑暗覆盖之前／世界变成火海，灰尘和石像之前／当我们出发的时候，请带上枪支／在肉体屈服在虚空之前，把它自决／当上光年，用以计算你将被忘却的时间／带上已经死去的父亲／带上偶像和崇拜者，被玷污的真理／带上失去踪迹的英雄和他的木乃伊／因为妄图的权柄不在我们手里／带上眼泪和失望，这是力量所在／带上光，并且相信它的终结。

我记下了那座多雄拉，喜马拉雅山东段群山的一部分，是传统路线中进入墨脱的起点，海拔 4220 米，也是最为险峻的路段。

我记下了要经过的岗嘎大桥、阿尼桥、德兴桥和解放大桥，以及简易木板棚修成的小旅馆。

我记下了那个关于喜马拉雅山的云游修行者传说，在六千多米的高山上跋涉，一天只吃一顿，只带一张毡子、一根手杖，背着虎皮和水壶，赤脚走路。

我甚至记下了庆昭常年居住的那个我所必须考到的城市，北京。

还有还有，善生那匆忙的令我魂牵梦绕的上海。

安妮说，拉萨的荒芜感来自它独特的地貌，北京的荒芜感来自聚集在其中的陌生人。

可是，那有我共同奋斗过的朋友，那有我未知的未来。

在面对自然的时候，人的无助来自对自然的妥协，而面对社会的时候，人的茫然来自对自己的退让。

我们只是这样。苟且地活着。等待死亡的降临。一切只是布局，似乎天注定。

▷ 最无用的是念念不忘

　　一个人要走到 30 岁才会明白，生命是一场全年无休、时喜时悲的巨大派对。有些人早早地就出现，在你还没有享受到派对乐趣的时候。他们带给你许多，教给你许多，多到你已经习惯，多到你觉得理所当然。可是当你终于享受起派对的乐趣，开始慢慢地嗨起来，这时候你才后知后觉，原来那些人早已经不在自己周围。他们是什么时候悄然退场的呢？

　　是不是在这个世界上，所有人都是过客，哪怕那个人是你的父母、你的最好闺蜜，或是你一生中最最挚爱的人……那也都是过客。

　　芸是我妈亲戚家的一个姐姐，大约比我大五六岁，自小就是个美人胚子。在我还是一个什么都不懂的小屁孩的时候，小芸姐就对我特别特别好。她会把我放在大人自行车的前杠上，载着我出去兜风。小时候的风比现在吹着舒服，马路上都是一棵一棵的法国梧桐，阳光照下来浑身都是暖的。

我那个时候在换牙，爸妈平时不允许我吃糖，可是小孩子哪忍得了这么久？小芸姐会在我们溜出去玩的时候带我去小卖部，给我买一大堆各种棒棒糖、戒指糖、泡泡糖还有口哨糖什么的。两个人一边往她家的方向走，一边乐得不停地往嘴里塞糖。那个时候才觉得，原来回她家的这段路是那么那么短。

我们往往还来不及把手上的存货全都吃完，就已经看到了她家的那栋楼。为了防止东窗事发，每次小芸姐都是快刀斩乱麻，而我只能一脸不舍、心痛如绞地眼看着她把我咬到一半的糖都给丢入垃圾桶或是冲进下水道，然后两个人互相擦擦嘴，表面上装作什么都没有发生过似的进门听大人们聊天喝茶。

记得当时年纪小，你爱谈天我爱笑……那些年少唯美的时光，现在还在不在你的心里呢？

不知道从什么时候开始，两个人渐渐不再像小时候那么亲密无间。那个年代没有手机、没有网络，要联系一个人并不像现在这样容易。我们各自都有了不得不忙碌的事情，我开始背起书包上学，从小学然后升入初中，小芸姐则从职高念到了大专。经历过的人都明白，一个大专生是不可能和一个初中生有什么共同语言的，年龄上不可逾越的鸿沟，导致我和小芸姐两个人越发渐行渐远。就算偶尔能在家庭聚会上遇到，也只来得及匆匆说上几句话。

小芸姐已经彻底出落成一个美女，大眼睛、高鼻梁，一头柔顺的长发，那是不施粉黛也好看的年纪。更何况小芸姐在学校大环境的影响下，早已有意识地打扮自己。在我还整日只靠一套校服就能打发的岁月里，小芸姐已经开始研究各种服装美容类杂志，比较各种服饰品牌的风格和样式。她还拿出随身携带的小化妆包给我看，里面装着各种唇彩、眼影、睫毛膏、粉底……托她的福，我早在那个年龄就已经见识过各种欧美一线彩妆产品。

小芸姐的家庭虽然不算豪奢，但她的父母从没有在任何物质条件上亏欠过她，都是供给她市面上最好的东西。她所在学院的学费，即使以今天的物价来看都算得上高昂，但她的双亲却没有说过半个不字。一个十几岁的女孩子就拥有一整套倩碧化妆品，放在今天这个年代或许并不稀奇，可在十多年前绝对是奢侈无比。

一个既美丽又打扮靓丽的女孩子，身边自然不会缺少追求者。小芸姐很快就和学院里一个姓吕的男生在一起了。我后来见过该男生的照片，他顶着当时最为流行的发型，外貌虽然不及小芸姐这般出众，但也已经算是不错。最重要的是他对小芸姐是发自内心的喜欢和照顾。

每天早上他都提前跑去食堂给小芸姐买早餐，然后不论寒暑不论雨雪，都一定会在女生宿舍楼下等，直到小芸姐梳洗完毕下楼开吃。小吕平时在路上走的时候，若看到商店里有适合小芸姐穿的衣服，也会立刻掉头进去选一件适合她的尺码买下。

我曾经非常羡慕小芸姐用过的一部翻盖手机，那是刚开始普及彩屏手机的时代，何况那还是带米奇图案的限量款，哪个女孩子会不喜欢？我想当然以为那是一贯宠爱孩子的小芸姐父母给她买的，毕竟那时就卖三四千元。很久很久以后我才知道，原来这部手机也是小吕送给她的诸多礼物之一。作为大学生，父母每月给的生活费是有限的，不知道他得做多久的小时工，才能存够这样一部手机的钱。

　　当一个人拥有很多东西，他偶然给你其中一件，那并不一定表示他爱你；可是当一个人只有一点点，却愿意给你他的全部，那他一定是发自内心地爱着你。

　　校园终究只是校园，和成年人的现实社会还是不一样的。现实社会有着现实社会的规则，当人们离开了纯洁的象牙塔，很多东西也会从量变慢慢发展为质变。

　　小芸姐对小吕的确有着青涩纯真的校园感情，但是不要忘了，她是一个从小生活在优越物质条件下的女孩子，如果要她一夕之间归于平凡，习惯粗茶淡饭，那几乎是痴人说梦。更何况小芸姐很少因感情用事而头脑发热，是一个冷静而务实的人。

　　毕业后，小芸姐在父母的帮助下，顺利进入了一家不错的外企。每个月领着不菲的薪水，周围全都是生活品质优越的年轻同事。在那样的环境下，金山银山、华衣美食只会见得更多。可小吕却在一家民营企业的底层职位默默打拼，且看不到升职的可能。

就在同时，在朋友聚会上一位富二代对她一见钟情，努力追求。听说她喜欢收集各种品牌的香水，便时不时买下当季新品来讨佳人欢心。我曾看过小芸姐的化妆柜，柜门一打开，里面形形色色的香水瓶摆满了每一处空格，简直就像某种艺术品展览。连我这个几乎与香水绝缘的人都感到夺目、壮观与艳羡，更何况是身为主角的当事人。小芸姐的内心终于无可避免地产生了动摇。

多年前那个下雨天的早上，小吕手上递过来早餐的热度早已温暖不了今日心如铁石的她。

她和小吕两个人基本算是和平分手。小吕在手机的那一头并没有激动或挽留，并不是因为他不爱了或是厌倦了，而是他即便在这样的时候，都知道怎么做才是对她最好、最能让她幸福的决定。那些高昂的物质他奋斗一生都可能给不了她，那他就宁愿放手，让她去到可以满足她愿望的男人身边。

小芸姐在屋内整理出所有他送给自己的礼物，统一收纳在一只大纸箱内，打算见面时一并还给他。其中包括那部早已不用的米奇限量版翻盖手机，还有热恋时穿戴的情侣T恤、情侣项链等，都是当时彼此幸福过的见证，可如今看一眼都觉得触目惊心。

纸箱子后来被小芸姐原封不动地抱了回来，大约是小吕不肯拿回去。小芸姐当晚到底还是一个人默默哭了一场，伤心了好几天。

我直到现在都认为小吕是一个很好很好的男人，也可托付终身，只能说他并不适合小芸姐，小芸姐也并不适合他吧。

不知是时间改变了我们，还是我们改变了时间。现在我也走上了社会，觉得时间流逝得比流水还要快。关于小芸姐的事情，我能够亲耳听她自己诉述的机会已经很少很少，往往只能从家里大人的转述中得知。

她最终还是顺利嫁给了前面所说的富二代，先是一场隆重的订婚仪式，再是一场隆重的结婚典礼。我身为女方亲属之一，受邀出席了后者。

小芸姐本就天生丽质，加上婚礼当天的精致造型，自然是美丽不可方物。她换了好多套礼服，一次又一次在宾客的注目下和微胖的新郎携手登场，收获众多掌声与喝彩。

只是我坐在台下，仍免不了想到，小芸姐当天的笑容虽然依旧标准、得体，却终究不是发自内心笑出来的吧。因为我看到过她真正幸福的时候是什么样子，那是在她从前和小吕的合照上，两个人靠在一起，对着镜头微笑。那时候幸福明晃晃地写在他们脸上，映在她的双眼里，连我这样的旁观者都被深深感染。可是那样一种充满幸福的神采，我在当天的婚礼上却一次也没有在小芸姐脸上找到过。

又过了两三年，陆续听说一些关于小芸姐的议论。有人说小芸姐的老公平时在家连一杯水都不肯自己倒，除非老婆端到他手里才会喝。也有人说，小芸姐聊天时也会极偶然提到已经成家的小吕。说如果当时自己嫁的是他，可能婚后的生活在情感上会更幸福些，却也不可能达到现有的生活品质。可是鱼和熊掌不可能兼得。是她自己下定决心选择了现在的男人，选择了衣食无忧的豪门生活，而且就算从头再选一次，她也还是会这么选，所以也没有什么好后悔的。

只有在午夜里一个人幡然醒悟的时候，你才会发现，不管是曾经多么重要多么刻在骨子里的人，其实他们依然说走就能走。一旦要走的人那是留不住的。一些人至今还在你身边，那是你们之间的缘分还在；而那些已经不在你身边的人，是你们彼此缘分已经慢慢用完了。

到最后你会明白，这样一场人来人往、灯火辉煌、觥筹交错的派对里，只有你一个人才是其中唯一不变的主角。

▷ 在爱情里，我不愿为了你改变

写下这个标题的时候，已经猜到了有人会骂我自私，有人会说我太霸道。两个人在一起，若要长久，当然要互相迁就和改变。不迁就不改变，怎么磨合？

但请注意一点，我不是不做改变，只是不愿意在改变的时候，冠上一个"为了你"的名号。

我想说，在爱情里，我做的所有改变都是为了自己，是为了遇到更好的自己，更好的爱情。

我不想万一我们分开，我却犹如深闺怨妇同你哭啼："我为了你学了做菜，整了容，为了你放弃事业把自己关在家里……我把自己变得不像自己，你竟然还要离开我？"

我也不想当我们发生冲突的时候，我对你说："亲爱的，你看我都为你变了那么多，你就不能为了我稍微改变一些吗？"

我更不想等到我们都老了以后，你和我坐在一起清算这些年你为我改变了多少，我又为你改变了多少。

然后去评定，到底是我更爱你，还是你更爱我？甚至于将这一切视为准绳，告诉给孩子们知道。

所以，当我把自己在爱情中每一处的改变，都冠上为了你的时候，会让爱情变得沉重，因为负担太多，它很容易就会失去那份纯粹的快乐。

所以我在爱情当中做出改变，不是为你，而是我心甘情愿。不觉得委屈，也并非是妥协。

所以，你喜欢家常菜，我也会下厨房，但不是只为你，我是想要学着下厨，做一顿丰盛晚餐，然后拍一张美美的照片发到朋友圈。

当然也会得到你的赞美，你会夸奖比下馆子好吃实惠，我也会在你怀里言笑晏晏。

因为是自己愿意，所以我不会抱怨下厨的艰辛，不会嫌弃油烟味太重，而是快乐地享受给你准备一顿丰盛晚餐的满足。

所以饭后不会发牢骚，说什么我都为你下了厨，你就不能洗碗吗？也不会在我忙碌的时候，对看电视玩游戏的你心存怨怼。

我并不想把我们之间爱情的每次互动，单纯地定义为：我为了你，你为了我，然后再去计算这里面的得失，平衡我们之间的收获和付出。

我就怕，在这样的算计当中，爱情会变了味道，会失了初衷。

我更怕，一旦烙上是为了你才改变，会给你无形中增加各种压力，无法轻装上阵，不得不瞻前顾后。

我最怕的是，你会渐渐感慨那个为了你改变的我，已经不再是当初那个让你怦然心动的我。

所以，我永远都不要做那个在爱情中施加压力的人，而是与你相伴，一起轻装上阵。

我也不会苛求你，在爱情里为了我而改变。我们都轻松一点儿，自在一些，起码你不用为了我面目全非，我不用为了你找不到自己。

在爱情里，我不会为了你而改变，我们不带包袱，才能走得更快乐，我也才能陪伴你，走过更漫长的道路，走过更悠远的岁月。

▷ **如果，真的有海角七号**

如果真的有海角七号，我想那一定是一个安静的地方，一个能回忆、能诉说、能吟唱的地方。

或许，每个女孩的心里都有一份美好的未来，和相爱的人坐在海边，携手看日出，从青丝到白发。就像张爱玲和胡兰成所期盼的那样，岁月静好。是的，岁月静好，只要静静的就好。

发黄的信纸、崭新的信封，现代人回忆 60 年前的故事，导演用倒叙、插叙的手法，缓缓地向我们讲述了一个平淡的爱情故事《海角七号》，情节是俗套的。可是，我就是喜欢。

看完电影，我有一个感慨，导演真的是无所不用其极，怎么窝心怎么拍，想必他会叉着手在一旁潇洒地看着我们的心一次次的被打碎。导演，你真坏。

恒春的海是美的，一望无际的蓝。海浪不停地涌起，只带走了一些浮沙。长发飘飘的女孩就在这里遇到了那个忧郁的摇滚男生。

爱情，在喜剧的基调里打开了一个引子。下面的情节，尽在我们心里，不需复述。

但是，当60年后的友子打开盒子，拿起那张站在海岸边的照片时，我的眼泪顺着两颊无声地流了下来，静静地和友子一起分享这份迟来的思念。友子，你是幸福的。

想想年过花甲时，有个人还能惦记着你，给你留下了这么多温馨的回忆，这就已经是美好至极。

记得《千年女优》里，千代子用尽生命的力量追寻那个年轻人，那枚珍藏了一生的钥匙，只有千代子知道能打开怎样的宝藏。这种美好，千代子懂得，友子懂得，暗恋过、爱恋过、等待过的人们都懂得。

我不是太喜欢《云水谣》，之前看过《假如爱有天意》，我更喜欢后者。《云水谣》在某些剧情上有些胶着于纯真。不是在雨中奔跑，抓着女方家的大门就叫执着，也不是非得有阶级差距和一个不近人情的老爸才是历尽艰辛。

有一些东西，没必要那样矫揉做作。我记得初中时有个同学说，她爷爷当年就是为了奶奶没去台湾，留了下来。他们很幸福地看到子孙满堂。当她爷爷去世后，奶奶坚持一个人住，不与子孙同住。也许她想一个人回忆那些美好，直到和爷爷再次相遇的那天。落寞，不是每个人都能演绎的。

不要太执着了，最近又有人在我耳畔念叨。我想，看了《海角七号》，我也更加执着了。

如果真的有海角七号，那个能装载真挚和永恒的地方，就算那里是恒春，那里是个小渔村，我也愿意洗尽铅华，尘埃落定，在那里静静品尝余晖带来的安逸，细数着岁月里的惊喜。

如果真的有海角七号，那就让我的心静下来吧，找到自己的归属。无论红颜，无论银发，只为永恒。

人人心中都有个海角七号。

▷ 你是我爷爷

2016 的春天来得有些早，窗外的油菜花已经悄然开放。爷爷如果活着，今年就满 90 岁了。

爷爷年轻的时候是火车站的厨子，烧得一手好菜。

爷爷有气管炎，父亲说这源于爷爷对烟的嗜好。我跟随爷爷生活过一段光景，那时我五岁，不喜欢幼儿园，却喜欢每日随着爷爷。爷爷的话不多，更多的时候，是爷爷的咳嗽声。即使到现在，每当我闭上眼睛，一想到爷爷，总是那阵阵犹如天雷般震动的咳嗽声。我的心似乎也跟随着颤动。

我懂事晚，当班上同学已经可以流利地背诵起乘法口诀时，我却连最基本的加减法都不懂，学校的老师早就把我列入不可教的黑名单里了，我小小年纪便尝到了冷落的滋味。这个时候爷爷已经病重，三天两头待在医院。爷爷每日回到家中后，草草地吃过晚饭，便开始在一张小木桌上给我讲课。我忘性大，听过就忘，爷爷不厌其烦地为我一遍遍讲。爷爷上气不接下气，每一句话都说得很吃力。我记不住，爷爷喘着粗气安慰我：别急，慢慢来，总有一天你会懂的。一片古槐的黄叶落下来，穿过喧嚣与骚动，穿过世俗的烟尘，像一声岁月的叹息，轻轻砸疼我的心灵。

后来，我到了上小学的年纪，便离开了爷爷，跟随着父母生活。我们每周去看望一次爷爷，每次去的时候，爷爷总是躺在床上咳嗽不止。爷爷一听见是我们来，他会立刻翻身下床，让奶奶出去买肉，爷爷会亲自下厨为我们烧几盘他的拿手好菜。回锅肉和烧白是我的最爱，这个喜欢一直保持到现在，每当我下馆子，这两个菜我必点。爷爷独自在厨房忙活，可爷爷有气管炎，哪受得了这般油烟？爷爷不停地咳嗽，父亲看不下去，就走进厨房劝爷爷，可是爷爷固执得谁也劝不动，父亲只得无奈地选择放弃。尝着爷爷做出来的美味，父亲的眼睛却湿润了。

爷爷一天天病重，我却再也没见过爷爷，直到他的离开。一个平常的早晨，母亲急匆匆地回到家中，推开我的卧室门，告诉我：爷爷快不行了。我和母亲立刻赶到成都铁路医院，看到的却是永远睡着了的爷爷。我静静地站在爷爷的床前，我知道永远也吃不到爷爷做的回锅肉了。爷爷走的那天，我没有掉一滴眼泪。

父亲因为出差，没有见到爷爷的最后一面。爷爷去世后不久，父亲和我去安县为爷爷扫墓，一切都是如此的平静。可是突然，父亲跪在了满是稀泥的土地上，紧紧地抱住爷爷的墓碑，哭得死去活来。这是我第一次见到父亲流泪，那是一个男人的眼泪，更是一个儿子的眼泪。父亲嘶吼着：我的爸，你走得太急，我最后一面都没见到你……父亲哭得瘫在了地上。后来，父亲是被人抬下去的。

我长久地无法理解父亲这貌似荒唐的举动，我总是想，一个男人，似乎该有面对生老病死的勇气。但是我错了，直到现在，直到我泪流满面地写这篇文章时我才明白，爷爷，其实就是父亲心中的那座山。

父亲给我讲，在他出差之前的那个晚上，爷爷曾经叫上父亲去外面散步，爷爷还高兴地对父亲说："我的病已经好了，你不用担心我，好好工作吧。"

我们都明白，爷爷撒了谎。

后来，我成了一名刑警，做起了法医助理，目睹着一个个鲜活的生命戛然而止，耳旁是逝者亲人悲恸的啜泣。站在车水马龙的成都街头，我突然明白，有一天，他们都会老。不是谁都有机会说："爷爷，我还会再来看你。"你走了，就再也回不来了。

▷ 风居住的街道

　　凌晨时分，窗外的烟花肆意张扬。万家团圆的大年初一，我打开电脑，删掉了我和大哥所有的聊天记录。如风的六年，就这样悄然溜过。

　　这一幕来得太让人肝肠寸断。

　　大哥的遗体静静地躺在灵柩中，头上包着白色孝布。

　　白发老母的哭泣，在深重哀伤的哀乐中无法掩盖。她试图挣脱儿子和女儿的阻拦，扑向已然无声无息的冯翔。她伸出手，向遗像上的冯翔召唤、向灵柩中的爱儿哭喊……她一直不停地哭喊，伸出她布满皱纹和裂口的双手，朝着儿子的方向，一声接一声地呼唤："我的儿啊，我的儿啊……"

　　我都不记得这是地震后的第几个不眠之夜。那天晚上，我独自待在已成为危房的家里赶剧本。因为六月要去青海参加火炬传递，所以剧本必须赶在这之前完成。时间紧，任务重，也顾不得余震，每日写到深夜。正是那个夜晚，我通过王秘书长的博客，认识了一个叫冯翔的人。

点开他的博客，出现在眼前的是一个可爱的眼睛里闪着智慧光芒的孩童。通过他的博文，我知道这是他永远不会再回来的天使。那一晚，键盘上满是我的泪水。

我不认识冯翔，也不认识这个孩子，我的泪水，或许属于整个北川。

从那晚起，每日上网我都会进冯翔的博客，这样的行为我坚持了五个月。我希望看到他的更新，他更新了博客，才证明他逐渐从那段阴影中走了出来。可是每当我进入他的博客，依旧是那篇纪念他可爱的儿子墨墨的博文。

十月的最后一天，北川再次发生了余震，我不知道那天北川的上空是否也是这样蓝天碧云。到达北川已经是十点半，这是我地震后第一次来到北川。但在这之前，我的童年在离北川不远的黄土镇度过。

下了车，一个浓眉大眼头发有些长的男人做我们的向导，一路给我们介绍北川的种种情况。直到王秘书长叫他的名字，我才知道眼前这个男人就是冯翔。

这是我第一次参加作协的活动，中午吃完饭后，在冯翔的带领下我们去了姊妹桥。让我记忆犹新的是冯翔在和我们一起吃饭时，脸上的痛苦、坚强与不屈。

三种复杂的表情同时出现在他的脸上。这个北川汉子，让我敬佩。

三天后，在胡哥的牵头下，我们再次聚在一起。

那天，我正准备走进饭店，就听到后面有人叫我名字，回头一看，是冯翔。

冯翔的身边是他的夫人。

在饭店大厅，我们简单地聊着。如今时隔近半年，我却依旧忘不了冯翔写着悲伤和不屈的脸及他爱妻的沉默。

饭毕，我将自己多年前出版过的一本书送给冯翔。我在书的扉页上写道：冯翔大哥，你永远是北川上空那只翱翔的雄鹰。

冯翔7岁的儿子在地震中遇难。他在怀念爱子的博文中写道：对整个世界而言，你只是一粒尘埃，对我而言，你却是我的整个世界……

对于冯翔而言，5.12汶川大地震之前的日子，可以用充实、恬淡、幸福等诸多祥和的词汇来形容。他热爱工作，妻子是师范时的同班同学，温柔贤惠，在县城的曲山小学任教。儿子长得乖巧无比，刚刚上一年级。为了照顾孙子，他在乡下的母亲五年前就来他家里帮忙。两年前，遵照父亲安居乐业的教导，冯翔东挪西借拼凑了15万元，在县城老街的十字路口旁边买下一套商品房。虽然欠了十几万元贷款，但完成了人生的一个大梦想，他把所有的热情都交给了逐步小康的生活。

5月12日，北川，晴天，一切与以往无异，天仍然那么蓝，空气仍然那么清新，街上依旧车水马龙，商店依旧熙熙攘攘。按照计划，上午九点，宣传部的副部长王建送他到漩坪乡去出差。他要在漩坪的木棕厂闭门写作三个月。刚上班，几个临时性的工作使他把行程推迟到下午两点二十分。等到忙完手中的工作，已近十一点，王部长叫他去准备生活用品，他顺带在楼下的打印店买了两盒纸。

午后，母亲收拾完，冯翔对母亲说："妈，你休息一下吧，我们摆谈几句，我这一走就是三个月才回来。"母亲解下围裙坐下来，说："娃，你放心去出差，家里有我，每天我给雪莲和墨墨做好三顿饭，下午去接墨墨。"母子俩闲聊了一会。这个时候，楼房轻微地摇晃了一下。冯翔轻描淡写地说："妈，地震了呢。"北川人都知道，北川处在龙门山地震断裂带上，每年都会发生很多次轻微地震，大家早已经习以为常。随后，那场震惊世界的强震开始了……那场地震，摧毁了他的家，更夺走了他视为生命的儿子，还有另外7名他至爱的亲人。

5.12大地震之后，丧子之痛不分白天黑夜，不管晴天雨天，总是无休止地折磨着他。大哥永远停用了他的博客，永远停用了一个使用了7年的QQ号码，并把它送给远在天堂的儿子。

《风居住的街道》是冯翔生前最喜欢的曲子。我听了一遍又一遍，我感觉自己飘了起来，越飞越高，从黄土镇到安昌，从安昌到北川。

那一天有很好的阳光，停止了连日来的阴霾，阳光照在你的脸上，你笑笑，说："兄弟们好。"

从成都赶回绵阳，我站在阳台上，望着现代花园 B 区，你从那个地方离开。兄弟，我们曾经如此之近，现在却又如此之远。

曾经我跟我所有的朋友说，安昌河和你的文字是我见过的最美的两件事。我看到安昌河哭红的双眼，你的沉默。车上，大家都不曾说一句话。我们一路崎岖，曾经，你也从一个地方到另外一个地方，经过此。

你还会回来吗？

朋友说，你一定没有离开，你一定在某个地方，看着我们。为你哭泣，你的母亲、哥哥、景老师。我望了望天空，我看到了你，还有墨墨。

《风居住的街道》是日本的矶村由纪子与著名二胡演奏家坂下正夫合作的经典曲目，二胡与钢琴的搭配对话，演绎出你人生的华丽、瞬间的毁灭。

钢琴和二胡交织在一起，相互倾诉，相互爱慕，但永远不会重合，仿佛两个永远都不能在一起的恋人。

远远地望着你的遗像，我知道，你和墨墨在一起了，在那棵皂角树下，自由玩耍。

你走了，你又没有走。我时常看到你，你一刻都没有离开。你曾经对我说过："小廖，来北川吧，我罩着你。"

你走了，像风一样。谁又来罩着我？

总有一天，我们会再相聚，如你给墨墨说的那样，或许几年，或许几十年。

在北川的上空，带着墨墨自由飞翔吧。

那个夜晚，迎着涪江的风，你问我："小廖，你住什么地方？"我说："A区。"你说："咱们是邻居。"

我想我是自私的，我把你的文字珍藏起来，放在只属于我自己的电脑中。我要好好地珍惜你的文字，珍惜它们，如同珍惜自己。

毁灭伴随着成长，可是这代价太大。当我闭上眼睛，我的眼前总是晃动着可爱的墨墨，他对着镜头傻傻地笑，他顽皮地看着这个世界。抬起头，望着那布满繁星的夜空。墨墨，哪一颗是你呢？

我知道，墨墨，你一刻也没有离去，你只是在天堂里玩着泥巴，你只是在和你同班的男同学捉蚂蚁玩耍。

冯翔，是飞翔的谐音。

2009年4月22日，北川县城地震废墟上，新添了震后第一座个人坟茔。尽管在追悼会上他母亲痛哭"儿子死得冤"，但更多的亲友希望自杀悬疑随冯翔的遗愿而去。安静是死者保留的权利，也是生者可尽的义务。从此，这废墟上的第一座新坟，将默默地守望震后的重建之路。

下午 2：40 左右，冯翔的骨灰被送到北川老县城。三个侄儿侄女捧着骨灰、遗像等走在队伍最前面，人们穿过废墟，走到曲山小学遗址。根据冯翔生前对儿子的承诺，人们要把他的骨灰埋在这里的一棵皂角树下。他的儿子冯瀚墨在地震中就是被埋在这里的。亲人们在树下挖了一个坑，把冯翔的骨灰埋起来，并用砖头搭建了一个祭奠灵台，点燃香烛和纸钱。人群里又传来一阵哭泣声。

这也许是你写下的生命乐章的最后一个休止符，也许是你为自己的人生故事写下的最后结局，也许是你为终结的神话划上的一个句号，也许是你给生者留下的最后一个永远也无法破解的谜……

再后来，冯翔的遗作《风居住的天堂》《策马羌寨》相继出版。

多年来，我没有停止过对冯翔生命终结的思索。

八年后的初春时分，我坐在成都沙河畔的小茶馆里，感受着四川人生活的安逸。我想起地震后，我的爸妈依然能喝茶打牌，随遇而安。只有像冯翔那么纯粹又刚烈的人，才会有幻灭感。什么是幻灭感？就是你曾经无比相信的东西，它居然像泡沫一样，轻轻一碰就碎了。你完全没有心理准备，因此就被击倒了。

首先裂开的是爱情这个泡沫。冯翔敬爱的二姨遇难，二姨夫不到三个月偷偷再婚。冯翔投以鄙夷。冯翔曾跟哥哥讨论，为什么震前那么多如花美眷，震后丧偶却能那么快组织新的家庭？冯翔得出的结论是，爱情比不过想象，更比不过现实；作为北川县的对外接待部门，冯翔经常要带着各路领导到废墟上参观，这无疑是一次又一次地撕开他的伤口。

　　不是冯翔生活的参与者，难以真正感同身受人生的幻灭。成为警察后，直接或间接参与到已决犯死刑的执行过程。我最大的感触是濒死者对生命的不舍与留恋。每一个不曾起舞的日子，都是对生命的辜负。每个人都是自己生命中孤独的舞者，把生命照看好，就是幸福最好的状态。

▷ 怎样放下一个人

前几天我逛豆瓣，看见一个姑娘发的帖：我怎样才能忘了他？姑娘刚大学毕业，在一家大型私企实习还不满半年，爱上了她的部门经理。

在姑娘的叙述中，经理成熟稳重，儒雅，学问渊博。每次姑娘工作中犯错时，经理都笑笑，自己揽下全部责任，理解姑娘对新环境的不适应……总之就是事无巨细，一一指导，姑娘觉得他什么都好。

只可惜，经理有家庭，有孩子。

和大多数出轨的男人一样，经理向姑娘讲述了他不幸福的婚姻，家人如何拆散他和初恋，如何强行安排了妻子给他，妻子如何强势。经理对姑娘许诺："我已经放弃了爱情一次，如今遇见你，我不会再退缩。"就这样，姑娘成了为世人所不齿的第三者。

在厮混了一段时间之后，这段婚外情终于曝光，经理妻子来公司大闹了一通，经理为了自己的前途和名声毅然决然出卖了姑娘，把全部过错推到了这个小姑娘身上，说是姑娘主动勾引的他，于是没了饭碗的只有姑娘一个。

姑娘哭着发帖："我怎么才能忘记他对我的伤害，怎么才能把他放下呢？"

我给姑娘留言："你不需要放下这个人，你要放下的是自己的执念。"

回答姑娘这个问题的时候，我接到大学同窗好友的电话。

他开口的第一句话便是："她来找我了，希望复合。"接着是电话那头长久的沉默。

他们相识在大学社团，还没等到大学毕业就分手了。他已经删除女孩的微信、电话，微博、豆瓣也取消关注，因此接到她电话时他并没有一下听出来是谁，寒暄了一阵之后他正准备挂电话。突然，电话那头静了下来，她开口请求复合。

"再重新来过，好吗？"

他哑然失笑。好长一段时间，他都没办法忘掉她，刚分手那会，他特别想复合，找了很多算命的推算，还买了和好符，日复一日的念咒语。不知道从什么时候开始，复合的这个想法慢慢淡化了，他曾经是那么地盼望她打电话给他，问问他的近况，然后说想他。直到今天接到她求复合电话的那一刻，他突然意识到，他已经完完全全把她放下了。

人在一个执念下会迷失自己，刚分开时他的想法只是很单纯地接受不了分手这个结果，现在冷静下来思考，知道双方不合适，重新在一起也不会快乐，他也在分手后已经不再爱她了。

我想，其实真正的放下，不是你努力变成她喜欢的样子希望她后悔，不是你扔掉她送你的所有礼物，不是你努力将她从记忆中剔除。真正的放下，是当你再次听到关于她的近况的时候，不用刻意压抑自己，虽然心里也会掀起一丝波澜，虽然她曾经在你的生命中扮演过重要的角色，但是更多的是对往事的感慨。

我的一位朋友阿健，和一位古灵精怪的姑娘异地恋。

最消耗元气的是两个人相恋，而彼此不能相见。有好玩的东西，没有你在我身边，有旖旎的风景，你不能与我分享。火车票可以买到，但很多东西，都已在时光里慢慢消耗掉了。

两人相恋将近一年，女方提出分手。

失恋后，阿健约我去大理玩，我们两个人在大巴车上长时间的沉默。

我于是打开话题："还爱她吗？"

阿健低头想了半天，只是轻描淡写地说了一句："不知道。"

我顿时明白过来，但不知说什么好，于是默默无言。

阿健拿起手机，一个人盯着和前女友的短信对话。

短信都很简短，他一条条朝上翻。翻到了分手的那一天，翻到了告白的那一天，翻到了相识的那一天。

他脸上的表情，一会儿开心，一会儿伤心。就是不敢再说一句：

我还爱你。

2013 年夏天，我去北京参加清华大学组织的编剧培训班，顺路去看开青旅的 L 先生。我坐在破沙发上嗑瓜子，看电视。L 一个人默默地擦地板，擦到一半，他站起身，和我说："我还是想她。"

电视剧里的男主角再次高冷地离开，雨哗啦啦地倾泻，女主角站在风雨里，眼泪和雨水模糊成一片。

我继续嗑瓜子："天涯何处无芳草，你这店里不都是女人吗？"我手舞足蹈，洒了一地的瓜子。L 笑着说："是啊。"笑着笑着眼圈就红了，背过身去，继续擦地。

想起以前，我第一次去北京时就住在这家青旅，结识了 L 和他女友。那个时候 L 刚离婚，他只分得了这栋房。L 在酒吧买醉的时候，遇见了现在的女友。女友帮 L 把这栋房改成了一家青旅，陪着 L 一起打拼。

后来女友的家人得知了这些事，棒打了鸳鸯。女友是标准的"白富美"，她家人看不上 L 这种离异过的穷光蛋，强行将他的女友送出了国。L 就这样一直守着这家青旅，再也没恋爱过。

去年三月，频频邀我一起去参加一位朋友的婚礼。频频是典型的南方姑娘，温柔如水，关键是人还好看。

婚礼结束的时候，频频偶遇一位男同学，不是小鲜肉，但长得也算高大帅气，穿得干净整洁，为人客气健谈，给人的印象很好。

他把我们送出很远，才客气地离开。

我打趣地说："前男友？"频频笑了笑，没说话。

坐在出租车上，频频对我说，她曾经暗恋了他八年。

她绞着手指说："初中的时候，我是个很典型的胖子，坐在他后面，特别害羞。我成绩很好，他经常问我问题，抄我的笔记，让我帮他写作业。我知道自己配不上他，一直没有表白。"

我说："可是你现在很好了啊，为什么还不表白？"

频频还是软软地笑："那时候觉得他太过美好，一切都小心翼翼，因为想让最好的自己站在他身边，觉得等一等也没有关系。我曾经为了他拼命减肥，穿最好看的衣服，化最漂亮的妆，我已经分不清是因为爱他还是想证明自己可以配得上他，当今天我再见到他，发现他只是我年少时的一个梦罢了。"

你盼望着每个故事的结尾都是皆大欢喜，但现实总会给你留点儿遗憾，如果你曾努力过，生活会带给你惊喜。你为了追上他的脚步，自己在变得更好的道路上奋力狂奔。

身边少了一个人，又多了一个人，没什么好与不好，只有合适不合适。

有点儿遗憾，但又带点儿惊喜，这就是生活。或者说，更像生活。

后来，那些人都怎么样了？

阿健至今仍是单身，再也不会避讳曾经爱过的那位姑娘的名字。我们坐在一起时，他可以轻松地进行各种聊，聊起前任，聊起曾经在一起的甜蜜和争吵。

阿健嘴角上扬，说现在已经不屏蔽她的朋友圈了，偶尔还会和她聊聊天，真心祝福她和现男友。那些过往也不会提及太多，那些过去的再没那么刻骨铭心，曾经以为放不下的东西，终于可以就着酒，笑着去讲。

阿健一脸轻松，就像在讲别人的故事。

L 先生，当然没有一直等着前女友，如今已经有了新的家庭，老婆善良贤惠，儿子白白胖胖，很可爱。他新开了一家青旅，生意不错，生活简单。

暗恋了那位男孩多年的频频，回到了南方小城，爱上了一位篮球运动员，给我寄了请帖，就要结婚了。

而我，我不会忘了前女友，因为她曾经真实地存在于我的生活中，我不想否定我的生活。

但我也只能对她说：你是那时候我想翻山越岭奔去的山头。现在，我走走停停，迂迂回回，我不想再长途跋涉了，如果说想要破镜重圆，是你来晚了。

但你留下的每一处风景，都像一页书签，夹在我葱茏茂盛的时光书本里。我偶然翻到这一页，能够哑然失笑，能够嘴角上扬，然后把它留在它该留的那一页，继续朝下翻。

仅此而已。

▷ 老朋友

　　这么多年，我走过很多城市，看过很多风景，听过很多故事。本以为那些过去已渐渐模糊，直到搬家时那已经发黄的日记本从书架上掉了下来。

　　这些都是我曾经写给你的话，我以为你永远都不会看到。

　　前几天我在家看电视的时候，你送我的加湿器忽然炸了，电视也随即跳闸，画面闪了一下，灭了。我愣了一会儿，站起来拔掉插头，推上电闸，重新打开了电视。可能是因为加湿器爆炸的声音太大，耳朵嗡嗡作响，听不到电视里任何的声音。

　　生活里和你有关的所有细节都在慢慢离我而去，像你，像时间。

　　老朋友，你怎么样？结婚后过得还好吗？生宝宝了吗？

　　我还好，日子过得有滋有味。虽没有爱人，也过得舒心快乐。工作蛮自由，闲时炒炒股做做理财，我的这些经济头脑都是和你在一起时学会的。

你看，你教会我很多东西。你说我身体太差了让我做运动，我现在每天晚上都会跑步，每周都去健身房，每个月会去爬山，偶尔徒步旅行。你说我作息太不规律了，规定我十点睡八点起，起床打电话给你，你买好早餐送来。你还说我生活习惯不好，让我戒烟戒酒，不再泡吧。那个时候我恨你，我觉得你爱我应该爱我的全部，包括我的缺点和任性，你试图改变我，就是你不爱我，你只要你理想中的我而不是真正的我。

你的良苦用心，我在那个时候无法理解。以至于刚分开的那段时间，我脑子里全部都是你的"丑恶嘴脸"，想的是你从来都没爱过我。

可事实是，你曾经毫无保留地爱过我。你每天坚持早起为我买早餐。你的全部银行卡都用我的生日作为密码，我得知后你给的解释是反正结婚后也得改。我生病的时候，你不分昼夜地照顾我。每一段讲述，都有你在我心底抹不去的影子。

这些都是我们分手以后，慢慢才浮现在我记忆里的。

你结婚的消息是共同的好友带给我的，你告诉好友说不想请我参加婚礼了，你知道我不会祝福你。我承认，刚刚得知你结婚的消息时，我想过去闹婚礼，想过去扇你耳光。可能我还是爱你的，但更多的是不甘心。不甘心你带我看过那么多美好的风景却在半途丢下了我，不甘心我终于变成了你爱的模样你却离开了我，不甘心我们曾向往过的美好如今却只能由我独自去完成。

老朋友，你看你多自私。

被你喜欢过，觉得别人很难有你那么喜欢我。

前些日子看娱乐节目，看到张晋讲他和蔡少芬结婚时曾说："风雨与共。"突然记起你也曾那么对着许愿灯说过："如果这个男孩愿意陪着我，请老天赐我们风雨同行。"那个时候我还笑你好傻，不该祈求老天让我们中 500 万元么？

你曾经问我梦想是什么，我说："梦想就是和你在一起，无论干什么都好。"

你说："那你遇见我之前呢？"

我说："遇见你之前，我的梦想是，遇见你。"我也知道自己是个平凡的人，正是因为爱你，才让我平凡的生命灿烂了起来。

我总是回想起我们第一次吵架，那个时候我总喜欢讽刺你自私，说你心里没有任何人。我冲动下提出分手，你突然抱着我特别委屈地说："你在我心里，你走了，我心里就没人了。"

那是我听过，最美的情话。

不过可惜啦，你还是走了。

我曾经自以为是，认为爱无所不能，爱是一种前进的力量，我永远都相信真爱。人们都说这世界复杂，可我从没这么觉得过，这世界对我来说太简单，简单到我做什么，都只是想和喜欢的人在一起。但也谢谢你让少年的我懂得，爱不能解决所有问题，爱打不赢现实。

那天我抱着你崩溃大哭，只希望时间永远停在那一刻，而我就能永远抱着你。你说："乖，别哭了。"

不知道以后还会不会像那个时候一样，拼命去喜欢一个人。那怎么办呢？

只好想你咯。

电台里在放 Eason 的歌："痛若骊歌，乐如儿歌，像你来过，没走过。"

好了，老朋友。

我很想念你。

记得年少的时候，对自己心爱的姑娘许下过很多承诺。后来才发现，爱情并不是一场棋逢对手的较量。真正意义上的爱情，不需要承诺。不要尝试用任何方法去试探你和任何人之间的感情。因为人性经不起考验。别说别人坏，先看看你自己是不是够好。

▷ 再见旧情人，我是时间的新欢

我六月收到昕的通知，她在八月八日要结婚了。这是我目前最好的女性朋友，我们相识多年，最难熬的那两年是她一直陪在我身边，才会有现在的我。我虽然不够好，但如果没有她，我一定比现在还要糟糕。

她和男朋友在一起很多年，又一起去澳大利亚留学，这次结婚以后就要在那边长期定居，很少回国了。

昕在外婆家住了几天，然后来成都和我过暑假。有一天中午吃饭的时候，我们讨论起新郎西装要什么样的，然后又说到会有哪些人远道而来参加她的婚礼，说到这里的时候，她想了想，然后看着我说，Z 也会来，带着她老公。我打趣说，是不是没有你漂亮。

你会来我一点儿也不意外，毕竟当时你和昕以及昕的男朋友一起在国外留学，住在一间公寓。这么多年的朋友，来参加婚礼也是应该的。带着你老公一起来也是应该的。

不像之前，一听到你的消息心里就会激动。现在再听到你的名字，已经波澜不惊就像普通朋友。

那天下午昕打电话说你们到了，晚上一起吃个饭，我没有犹豫一口应了下来。

我之前想过，再见到你的时候我应该会控制不住的紧张，没完没了地换衣服，想着穿什么见你，见面的时候刻意回避去看你。但现在我没有，我只是洗了一下头，随便翻出一条牛仔裤就穿上了，因为我已经不在意你觉得我穿什么好看穿什么不好看，我在意的是喝多了啤酒会频繁上厕所，穿哪条裤子更方便点儿。

你看，你在我心里没什么分量了。

我推开包厢门的时候，你们都已经到了。我看到了你身边的男生，坐得端端正正，一眼看上去算不上特别帅气，个子不高但五官长得规规矩矩，非常耐看。他应该知道，或者隐约能感到我是谁，对我笑得很礼貌，也很真诚。

我第一眼没看你，而是看向这个男生，我承认，我还是有点儿介怀，更多的是好奇。

我们每个人都落落大方，每一次的推杯换盏，每一次的曲意逢迎，我和你都能说上一两句话，客气，但是并不生分。我和你都是很会把握分寸的人，场面上的功夫做得比谁都漂亮。这一点看来我们都没变，值得欣慰。

和你碰杯喝酒的时候，你随意说了一句"我觉得你越来越帅了"，我笑着回答"现在有人疼有人爱，日子过得顺风顺水，人自然变得越来越帅"。你也笑笑，又喝了一杯。我没想故意拿话噎你，我说的是实话，我现在的生活就是这样。因为你而愁眉不展、郁结难平的日子，早就过去了。

你打一开始就不该有这种奢望，我会一直爱你，或者我会一直把你放在我心里。

因为你要知道，情话再怎样深重，也会随着时间的稀释而变得大打折扣，左耳进右耳出的东西，没必要放在心上。

饭局过半，大家聊起从前。说到有一次一起吃饭，你们故意跟服务员小姐说英语，语速极快，说店里的菜做得不正宗什么的，结果把服务员小姐说哭了，你们又道歉说不是故意的，开玩笑而已。说到你不胜酒力，三瓶啤酒就被放倒，喝水果汽酒都会醉，被我们嘲笑好久。大伙说起了很多，也略过很多不提，即我和你在一起的那些年。大家都很有默契，为了保持对于过去事物应有的缄默，也为了给你身边的男生足够的尊重。

如果一定要说起从前。和你分手以后我过得也不算快乐，我年轻的时候也相信时间可以疗伤，但现在发现，是个伤口就会留疤，所谓的去疤不留痕都是胡扯。

我无法像你一样，哪怕心中有再多不舍也会挽起别人的手结婚。我无法像你一样，可以给一个毫无感情基础的人一个光明正大的名分，却无法给自己爱着的人一段名正言顺的感情。

你说父母命，不可违。你还说生活在这样的家庭，你有你的身不由己。你说得最多的就是你爱我，说得更多的是你什么都给不了我。

有很长一段时间，有关于初恋、澳大利亚之类的字眼我闭口不提，我身边的朋友也是。关于你的一切都变得敏感，我像是清理病毒一样，红酒倒进马桶，情侣水杯、单反、T 恤、背包和钥匙扣也都打包扔了。

清理得彻底又干净，就像你从来没来过。

当初为了让你住得自在，在租这套房子之后什么东西都换了，连窗帘和床单都换成了你要求的花色，厨房里的调料罐都是我亲自去挑的。

你看到这套房子的时候说："喔，好漂亮。"

每天早晨起床后，我们一起坐在客厅的地毯上看电影，或者去逛街，要么就是去菜场买菜，一起做饭。周末我送你回家，你上楼之前总会抱抱我。

你说你最怀念的是午后我们一起洗过碗之后，你在客厅弹吉他，我在书房写稿，安静但又有一种不动声色的亲密。

分手后的第三天，我去退房子，房东看到只有我一个人，问了一句："小帅哥，你女朋友呢？"

我没表情的说了句："她死掉了。"

你沉不住气问我是不是故意的，我只说不用你管。最后你恼羞成怒骂我无耻，我还是没什么反应。

因为我知道，你是不服气我别了旧爱这么快就有了新欢，你觉得我是在故意折腾自己。

拉黑了你所有的联系方式，邮箱也申请了新的，即使这样，还是能把那些数字流利地背出来。

我知道我这样是欲盖弥彰，掩饰得太过分反而显得矫情又做作。

这让我如何不心酸？

几次分分合合，直到彻底分干净，我用了一年的时间来调整自己，当然，这期间消耗了不少的酒精和眼泪。

都说天蝎座的人狠心，那些痛苦和难过我通通揽了下来，放你一人潇洒自在。

我是个对任何事都有执念的人，我知道你也是。所以，就算我不问也知道，你也一定有一段时间不好过。

这几年我从没联系过你，你也是，我觉得我们给了彼此充分的尊重，这样就够了。

现在再见到你，就像见到旧时好友，觉得亲切，觉得你和你老公般配，觉得现在我们彼此过得都还不错。

挺好的。

当昕和你老公说着婚礼喜宴的桌上要不要放鲜花，你趁着这个空当和我聊了两句，你问我最近过得怎么样，身体好点儿没，以及我和现在女朋友相处得好吗。

我一字一句地回答你，让你能够听清楚："我现在过得有多好多知足。"

和你在一起的时候，你让我戒烟，让我喝酒要有节制，总之事无巨细你都要管。我总会因为这些和你吵架，然后不欢而散。

我现在的女朋友和你不同，我喝酒熬夜她都不拦着，她觉得不该干涉我的生活习惯，我觉得也对。你想让我变得越来越好，其实我也知道。你爱我的时候，我相信你是真的爱着我。

最后我对你说了一句："我觉得我女朋友爱我的这种方式，比起当初你爱我的方式，更适合我。"

我太清楚，如果只是单纯地说着我过得很好过得很快乐，一定没有说服力，但是你看到了，我活得一点儿都不比以前差，见到你不卑不亢，大方得要命，眼神里没牵没挂。说起现在的生活我笑得花枝乱颤，知足的情绪洋洋洒洒地全泼进你眼里。

你一定觉得伤感，毕竟我们曾经在一起那么多年。虽然你也灿烂地笑着说我过得好就行，但是落寞两个字还是逃不过我的眼。

成了，这就是我对你最好的报复，也是最优雅的原谅。

临上车前，我对你老公说改天一起去玩儿，他还是笑得那么真诚，连连说着："好啊好啊，谢谢你啊。"带着浓重的北京腔。

我把车窗摇下来和你们说再见，你们也笑着回应我。

你走了，把最好的我也带走了。

但是也谢谢你的离开，成全了现在的我，更好的我。

曾经被你一刀一刀伤得体无完肤，心也打了个稀碎，我浴血奋战，直到现在没有一个伤口，在最好的年纪懂得了应该如何最好地爱一个人。

再见旧情人，哪怕你曾经如此伤害过我，但归根到底也是帮助我成长拔节的人，还是值得感谢。爱过你，是我最透明的秘密，请原谅我仍保留着爱的习惯。

如果你曾经也被爱情所抛弃，等你学会爱自己，再好好来爱他。祝你也过得好。

▷ 致我的城市

　　每座城市会给不同的人以不同的记忆，我对这座城市的记忆始于铁路家属区内那一栋栋总是充满着锅碗瓢盆交响曲的筒子楼。

　　若干年前那个阳光明媚的夏日午后，我出生在这座叫绵阳的城市。我的父母都是普通的铁路工人，我是一个在铁道边长大的孩子。我的童年伴随着蒸汽式火车的巨大轰鸣，父母不断变换的铁路制服，还有那回响在南河体育中心上空的雄起声。

　　人的一生就像站台、车厢、出站口的串接，那些别离、转身与等待都承载在这小小的站台上。那向前的铁轨是我人生和往事的聚散之地。我的青春，在老火车站的光影之间寻找着自己的归宿。

　　我栖身的这座城市有着高高的蓝天、白云，有一群日出而作、日落而息朴实无华的人，我们的路弯曲而坎坷，背负岁月的风雨，品味生活的艰辛与欢乐。

　　有人说，爱上一座城，是因为城中住着喜欢的人。其实不然，爱上一座城，也许是因为一间翻滚着麻辣气息的米粉店，一座摆龙门阵看川剧的茶馆，一座充满市井气息的小镇。

或许，仅仅为的只是这座城。

生命的绚丽在于可以记载最美的过去。那一年，国营305厂还耸立着终日冒着浓烟的烟囱。那一年，液压厂内的游泳池和篮球场，总是回荡着我和同伴的欢声笑语。那一年，父亲的先进班组流动红旗是我青春最骄傲的符号。那一年，跃进路的盖碗茶、绢纺厂外的银杏、华丰厂内的红砖房、新华巷内的铁匠铺……

望着倒映在涪江上的夕阳，我突然明白，那一年我们坐着1路公交车，经过火车站和红星楼，穿过那一排排红墙老厂房，顺着宽阔的厂区大道一路向前，却发现，我们再也回不到从前。过去，已变成一枚城市记忆的琥珀。

斗转星移，29年过去，那个曾在铁路边上幻想着自己童话世界的孩子转瞬间变成了有些疲惫的青年。这座城市的成长速度远比我快得多，不知道从什么时候开始，这座城市和我一样疲惫了起来。

疲惫不是因为忙碌，是因为爱得有些麻木。面对一栋栋拔地而起的高楼大厦，我却无法释怀复杂的情感。留下来的东西越来越少，建筑也好，岁月也好。

不仅是老体育中心，不仅是那座带给我无穷美好记忆的老火车站，不仅是汽车客运站里那再也不会转动的老钟，不仅是街坊邻里、乡里乡亲的回忆……

　　我常常在想，是这座城市越来越大了，还是我们的心胸越来越小了？是这座城市真的不美了，还是我们变老了？

　　记忆再次将我从恍惚中唤醒，清晰地提醒我记录下这段美好。也就是从那时起，我拿起了相机，成为行走在这座城市每个角落的拍客。每一张照片，都是我们以后的记忆。我想用镜头去追寻这座城市的光荣与苦涩，用脚步去丈量这座城市的曾经与未来。

　　越是行走，我就越发地明白：一万个美丽的过往，也抵不上一个温暖的现在。我的镜头不会撒谎，边走边拍，是人生最华美的奢侈。这座城市的模样，取决于你凝视它的目光：步行街上玲珑小巧的绵阳妹子，人民公园跳坝坝舞的老人，安昌西路酒吧内震耳发聩的摇滚。

　　又或许，不经意的一转身，便邂逅了一座白墙青瓦的深深庭院，耳畔传来绵长的寺院钟声或几许神秘的梵音。

　　风景，不仅只在险峰；风景，也可以就在眼前。

　　原来，站在西山公园的东南角，你可以看见这座城市最美丽的落日；原来，在富乐山公园的春天，你可以看到美得令人窒息的雏菊；原来，透过越王楼的窗檐向远方望去，可以唤醒老绵阳所有的记忆；原来，当你在涪江畔慢慢悠悠地行走，你能感受温和的风抚摸你的脸；原来，当你在雨中看这座城市，她远比你想象得更美。

当我从晨曦中醒来，第一缕阳光越过不曾停歇的繁华市口，掠过李杜祠的亭台楼榭，安静地踏过龙隐镇的石板路，落在我的窗台。那一刻起，简单的幸福，便如这缕阳光与我同在。这是这座城市能给予我们的，奔波中片刻的青葱记忆，浮华中难得的静逸生活。

原来，幸福就在我们身旁，只是我们很少打开心灵的隔窗。

原来，美丽从未远离，只是我们少了一双善于发现的眼睛。

你给你所栖身的城市多少爱，你就会收获多少爱。蓝天会以你善待它的方式报答于你，城市会以你爱她的方式回馈于你。

一个城市，不在大小，在它的执着。给时间一点儿时间，让过去就此过去，让开始重新开始，让我们共同把过往与将来完美地结合，让时光的记忆点缀我们前行的路途。

▷　我的蜗居生活

　　如今我逐渐对生活逆来顺受，最艰苦的时候是刚上大学，没钱，每个月还靠父母资助过日子。大一下学期，不喜欢群居生活的我，悄悄地在校外租了房子。不到 10 平方米，一张床，一个电视，一个厕所，其他什么都没了。穷，饿了就去楼下买方便面，最后连方便面都买不起了，只好把上一顿吃剩的泡面拿出来，拿开水一涮，连汤带面全部吃掉……

　　那个时候，陪伴我的是一只名叫甜甜的狗。它总是呆呆地看着我，看我写文章，看我睡觉。每当我睁开眼睛，总是能看见甜甜盯着我。这样的单间很简陋，房租也不高，每个月 200 元，还包水电费，适合我这样的穷学生。

　　甜甜和我过着蜗居生活。后来，我去电视台实习，在市区合租了一套房子。八十多平方米，一分为二，我睡一间大卧室，小次卧住一对情侣。当时那套房子的租金涨到了 800 元一个月，水电气自付。每天下班后自己做饭，有钱的时候吃回锅肉，没钱的时候就吃面。甜甜陪我吃了不少面条。其实它一点儿都不想吃，它总是走过去闻一下就走开了，几分钟后，看见我在吃，它会很不情愿地吃掉所有面条。每个月，楼下的门卫都会上楼来收水电气等杂费，我每个月都要多付 30 元，理由很简单，因为我是租房的。

再然后，我毕业了。有了稳定的收入，我在公司附近的小区租了一个套间，买了二手空调、二手电视、二手沙发、二手饮水机，一切都是二手的，除了我和甜甜。我原本以为我可以过上正常、舒适的生活了，但事实并没有这么简单。

我常常加班，晚上十一点左右才可以回家。每次从小区大门经过时，门卫就会叫住我："交钱来，两块。"我看看表说，不晚啊。门卫说，超过十一点回家都要收开门费的，我老老实实地给了他 2 元。直到有一天，我发现门卫只收我一个人的开门费时，我愤怒了。我问他："为什么小区其他的人回来晚了你不收钱，我回来晚了你却要收钱？"

门卫平静地说："因为你是租房的。"

我一拳打破了门卫的鼻子。

不要以为我就这么搬走了，我依然住在那，每天对那狗眼看人低的门卫视而不见。从那晚以后，他再也没多收过我一分钱。哪怕我凌晨回来，只是，我感觉身后总是有一股恶狠狠的目光……

几年后，父母为了我能更好地在成都工作，他们卖掉绵阳的大房子，住进一套不足 50 平方米的小房子，为我在成都二环内买了一套 80 平方米的房子，才得以结束了我的蜗居生活。

每个人都要走过这样一段崎岖的路，才会逐渐过上和你想象接近的生活。

路不是你自己选的吗？觉得全世界都对不起你？觉得被欺骗、被不公正对待？没有人逼迫你。工作、生活，两相情愿！对外界提条件时先检视自身价值。公平是相对的，练就一身武艺，天平自然会向你倾斜。

生活有时真的不是你想象的那样，你刚大学毕业，你来到一座陌生的城市，你迷茫又着急。你想要房子想要汽车，你想要环游世界，想要生活每天都有阳光。你不断催促自己快快长大，却无法静下心来看一篇文章。为什么你总是拿别人的生活作为自己的参照？当你在二十多岁的时候，你选择的生活方式和做出的抉择，将会决定你未来成为一个怎样的人。你现在所深恶痛绝的现状，终将成为明天的解药。

▷ 写给你，和你内心中的小孩

最近在看一本书《那么一点点美好》，温暖而又睿智。

起初我在图书馆里看到它的时候并不想把它带回去，一个男生捧着一本粉红色的书终归是不太谐调，是的，它是粉红色的。

但是令我转变想法并终将它带回，是因为它的封面上写了这样一句话，仅有的一句话："写给你，和你内心中的小孩。"现在想想，或许编辑制作它的时候是为了让封面与内容更契合吧，毕竟在我看来，这真是一本温柔的书。

你内心中的小孩还在吗？现在我们都在说，成长是变得温柔，温柔代表成熟。

可是仔细想想，我们小时候才是最温柔的啊。我们会对风温柔，对水温柔，对天地万物都温柔，会为小草浇水，会给小猫让座，会忽闪着长长的睫毛看着这个世界。

随着我们慢慢长大，世界变得开阔起来，我想我们内心中的小孩才是这世上最本质的温柔吧。现在内心的那个小孩，只空喊两声口号无法唤醒了吧。热血少年血未凉，屠龙勇士无龙屠。

少年啊，前路漫漫，不要忘记回头看看，有很多宝贵的东西在你降临之初便获得了，你要做的不是高歌猛进去寻找宝藏，而是守护好你最初的心啊。要保护好你内心的小孩呀，入世便是出世，返璞才会归真。

我们内心中的小孩，我们心里的小王子。

他住在 B612 到 B 无穷星球上，那个小小的只比他大一点点的地方。

他们在我们一出生便来到了我们身边。

他说："你看呀，小玫瑰为什么会生病呢，你快去照顾她呀。"

他说："你能不能帮我修理我的飞船呢，我要回去了。"

他说："那条蛇总是在看我，你可不可以保护我？"

我说："不要烦我做正事。"

然后他自己修好飞船带着玫瑰离开了。

岁月开始流逝，你的眼界变得越来越开阔，而心灵却越来越沉重。

直到有一天，你做梦梦见了画，醒来便画了梦。

那是你内心中的小孩在呼唤你呀。

那是小王子留给你的画呀。

那是你的无瑕的梦。

那是温柔与爱。

我与你们一起回首望去，在生命的尽头。

你与你内心中的小孩一起笑。

那笑容，比水淡，比酒清。

千金不换，愿你珍藏，愿你成长。

愿你不忘儿时搭起的积木房。

愿你如今的笑容还是明晃晃。

落叶纷飞，然后来年换新枝；童年的乳牙脱落，唯一的恒牙长出来；灵魂的陶泥柔软未定形，直到真正进入火炉。

就这样，你内心的小孩，有一天突然长大了。

你准备好了吗？那就是你，有着清晰轮廓的你。给你讲一个睡前故事，这故事很长，我长话短说。给你一个吻，吻在你的眼上，吻醒你内心的小孩。

▷ 年少时不懂爱情，
以为喜欢就足以过一生

　　我身边一大票单身适龄女青年，有文青、萝莉、普通人，每个人都在感情这条路上不能一马平川走到底。

　　青春期的你喜欢那个坐在前排穿校服的男生，明眸皓齿，盛夏的阳光照进来，你可以看到他脸上细细的绒毛。那时候你脑袋里整天都是他笑起来酒窝刚刚好的那张脸。大学的时候喜欢那个穿衬衣的学长，不见得有多帅，但你就是喜欢，他用左手写的字很漂亮。后来，看他在毕业典礼上牵着别人的手唱《因为爱情》，你一点儿也不难过。这些无疾而终的喜欢占了你许多时间。我的好姑娘，你该爱一个真心实意爱你的人，哪怕前路险恶，哪怕经历许多个漫漫长夜，他都从始至终爱着你，容不得那些不怀好意的明示暗示、暧昧不清。

　　很早以前就有人告诉我："喜欢和爱不是一码事，我可以喜欢很多人，但我只能爱一个人"。今天就来说说 L 小姐的故事。

L 小姐是出了名的好脾气，温婉大方，家教极严。她早些年遇到一个人，他有些木讷，说不出来有多好，也没有多不好，可是 L 小姐一见倾心。暂且叫他 Y 先生。Y 先生也很喜欢 L 小姐，很快两个人就在一起了。

年少时不懂爱情，以为喜欢就足以过一生。

后来经常看到 L 小姐微信朋友圈那些似有似无的悲伤，以及难以言表的不安。两个人刚开始在一起的时候，也是你侬我侬。后来 Y 先生迷上打游戏，没日没夜，不回消息也不回电话。有时终于赢了一场，他给 L 小姐打电话说要出去吃饭。可没等 L 小姐化好妆，Y 先生就辗转下一个战场，又是没日没夜，留下的永远是电话忙音。L 小姐就这样在长夜里孤独流泪，俨然成了深闺怨妇。

L 小姐有颗少女心，浪漫温柔，和所有的姑娘一样，喜欢过纪念日庆祝一下。Y 先生从来不认为这样的日子有什么可值得纪念的。他记不得 L 小姐的生日，更不用提满世界都在秀恩爱的情人节，好不容易记得也不懂买礼物。其实，姑娘们真的不在意你的礼物是闪闪的钻石，还是很值钱的某个奢侈品。她们一点儿都不关心你准备的礼物花了多少钱，她们在意的只是你是否记得。可能一张你亲手写的贺卡，即使字迹烂到认不出来，她们也会视若珍宝。

Y 先生喜欢 L 小姐吗？当然喜欢。L 小姐的家教不允许她去表白，Y 先生就去表白，同时还有鲜花、蜡烛和起哄的人群。L 小姐答应得很爽快，谁叫她也喜欢呢。L 小姐生病的时候，Y 先生也心疼，整日整夜守在她身边。两个人也曾一起去旅行，走遍了想去的地方。

可是 Y 先生爱她吗？不爱。爱是责任，肩负的就是她用青春下的赌注。你一无所有的时候她喜欢你爱你，浪费整个青春拒绝其他人来陪着你，你根本没有资格承诺的时候她也喜欢你爱你。这样的好姑娘，你怎么舍得辜负？你怎么舍得用不分日夜的厮杀和一醉不醒的浓浓酒精来给她未来。

我的好姑娘，年少时谁没有暗恋的对象？谁没有喜欢过人渣？但请从今往后好好爱自己，喜欢的人喜欢就好，喜欢的人那么多，总不能都以身相许。去找那个爱你的人吧，我们都不再年少。

▷ 唯愿无事常相见

　　我只能送你到这儿了，以后的路，你要自己一个人走了，不要回头。

　　每个人都有自己的选择，选择也就意味着放弃，然而坚持自己的东西到底值不值得却永远没有人可以解释透彻，但有些东西却随着时间的流逝慢慢失去了原来的意义。

　　才懂得，人是会一瞬间长大的。就像《幻城》里的冰族一样，在 129 岁的最后一晚依旧是小孩子的模样，却在第二天早上变成一个高大挺拔的男子。是你，却也不是。我们又何尝不是呢，年龄虽已到了弱冠之际，但也不一定能明辨是非，不一定能觉察到自己的价值。可在有些时刻、有些事情过后，一瞬间长大了，这种感觉是可以真真切切感受到的。人总要经历大浪淘沙，经历刻骨铭心，经历大起大落后才会成长。

　　我不知该如何说起，那是我人生中最放肆的几年，也是最难忘怀的。相信每一个人都有属于自己的那份刻骨铭心的青春年少。它们或浓烈放肆得让人目不能视，或平静安逸得使人昏昏欲睡。我不知道自己的过去算是什么样子的，但我依然能感受到青春的脉动在我内心深处有力地跳动着。

我的记忆里总会出现这样的画面：铅灰色的云幕下，空旷的草地上躺着三个少年，他们的衣襟是那么得洁白，他们的面容是那么得无邪。他们的肩膀紧紧地靠在一起，他们一起跑着、闹着，一起对着天空放声大喊，肆无忌惮地相互调侃，之后笑得前仰后合……如今他们都在哪里？奔赴前程的脚步是否如当初约定的那样坚定呢？

我只是感到迷茫，我只是感到孤独，因为他们——老唐，子豪，还有我，已经十年没有再见过了。

十年，真的很长。

十年可以让我从那个嚣张放肆的小子成长为安静内敛的人，十年可以让曾经以为会厮守终生的她从我的生活里彻底消失，十年可以让我们曾经坚不可摧的梦想变得摇摇欲坠，十年可以让曾经吃喝拉撒睡都在一起的兄弟离散到这尘世的各个角落。

还记得当初我们站在学校的大门前，谁也不愿意第一个开口，最后还是我先开了口，我知道以老唐细腻的内心是绝不会第一个引发悲伤的。我也知道子豪那倔劲儿也不会第一个说出这些话的，所以，还是我来吧。"别忘了我们的约定，别忘了自己的梦想。"我极力用最平静的口吻说着，"别忘了联系，别忘了兄弟。"我的心在颤抖着。

其实大伙的心明镜似的，此次一别就再难相见了：老唐第二天就会飞往墨尔本，从此开始他的美术生涯；子豪也被父亲强押着离开这座城市，去北国的寒风里拼搏。或许一切看起来都是最好的归宿吧。

这个世界上我一直相信友情不会像爱情一样，说死便死了。

我实在无法再继续说出那句"都走吧"。子豪看看我，看看老唐，双眼早已通红。子豪拍拍我们的肩膀："去帮我买最后一包烟吧，以后就戒了，也没机会抽到你们买的烟了。"老唐重重地点了一下头。可我却从一开始就知道子豪是怎么想的，就像子豪和老唐也如此了解我一样。回过头看了最后一眼子豪，果然听到他掺杂着泪水的声音大喊："兄弟！我走了，绝对不会忘了你俩的！"然后，头也不回消失了。我看向老唐，撞见他的泪光："认识你们两个，我真的真的特别高兴。"

记忆被泪水冲刷，只剩下他们的声音。十年前，我们坚固的"铁三角"便这样离散在七月这个炎热未退却感到清冷的日子里，我用夸张的笑声来掩饰内心的失落，径直奔向曾经总在一起厮混的球场，呆呆地坐了好久好久……老唐是三天后的凌晨给我发来消息："走了，勿念。"

我再也抑制不住心里的悲伤，它们像决堤的洪水一下子把我击垮了，我知道我们每一个人的梦想和坚持都不是说说而已。我们固执，我们倔强，我们不可阻挡，那些嘲笑过、轻视过我们梦想的人也终会被我们狠狠打败。

老唐是个内敛的人，温润如玉的谦谦君子大概就是这样吧。我与老唐相识追溯起来大抵也有十八年了。除了刚出生时互不认识外，我们从小一直玩到大，直到后来遇到了子豪，这个刚强猛烈的少年。我们便一头扎进了"铁三角"的岁月里。子豪刚一出现在我的面前便毫不客气地以老大自居，当然，以我骨子里的傲劲自然是谁也不服，冲上去便是两拳，还得意地扬了扬拳头说铁哥们都是要互相打出来的。我知道子豪的眼里也一直闪烁着友情，要不然这个比我高上半头、壮上一圈的半大少年也不会静静地站在我的旁边了。

日子不顾一切地向前翻滚着，我，老唐，子豪三个人每日每夜都在一起，挥霍着我们的青春。我们从初中一路嚣张地走进高中的生活，我们的友谊也愈发的坚固，仿佛这个世界上没有什么是不能做到的，有点儿信心便像指数爆炸一样一个劲儿地向上蹿，仿佛没有一点儿环境阻力，完全就是 J 型增长。

换作以前，我怎么也不会被校长请到办公室，我更不会当着那个一向古板的校长的面嚣张地反抗："自己做事自己当，别乱怀疑别人。"然后摔门而出，留下一屋子面面相觑的主任、校长，还有老唐。本以为这次我一定死定了，谁能容忍这样的事呢，但也值了。至少自己以后不会后悔。意外的是，我却仍然留在了这个校园，留在了我的青春里。

在知道没事了的那天，子豪和老唐一起大声笑着，说我的运气太好了，这样都没事。直到很久之后我才知道，是老唐求他爸保下了我。

我是为了老唐才去跟那些人打架的，这一切我想老唐其实并不知道。不过都不重要了，重要的是那几个家伙毁了老唐为了自主招生而准备的画，嘲笑他的梦想和坚持。我从未见过老唐那样伤心，一整天都没有说一个字，没有画一张画。一向温和的老唐当然没有与他们争吵，只是默默地收起画板。当我从别人口中得知这件事情的时候，不容置疑，我怒了！我从未这样愤怒过，仿佛被欺负的不是老唐，而是我，还有我的梦想。

于是我一个人把那几个人都叫了出来。年少轻狂的事情谁又没做过呢？子豪不知何时站在了我身后，他什么都没说，只是看了我一眼，我便明白了他所有的意思。

战吧，为了我们的梦想，为了我们的坚持，为了我们的兄弟。

即使再幼稚又何妨？多年以后，谁还能保留年少时的那腔热血呢？最后的结果是我和子豪两个人把他们痛揍了一顿，这要归功于子豪那健壮的身体，总归我们胜利了。就在我们躺在地上大笑的时候，教导主任朝我们走来，于是我和子豪分路逃跑。幸运的是，他只追了我这一边……

这一切仿佛发生在昨天，历久弥新。

我记得高考前夕我们一起畅快地笑，笑到最后满眼泪水。谁也不曾想，有一天，我们会分别得这样彻底，仅仅依靠回忆来勾勒全部的音容笑貌。

我们都曾感到迷茫，过去太美好，将来太缥渺，现实太残酷。我们曾一起举杯，一起嚷着我们的梦想、我们的追求，却不知梦想究竟有多重，追求有多远。我们一起逃课，一起奔跑在空旷的小广场上……我很认真地写着各种句子，对他们说以后一定要出一本自己的书；子豪静静地哼着《灌篮高手》的主题曲，看着远方；而老唐则安静地画着他心中的那片天地，有子豪，有老唐，还有我。

我们都在彼此的生命里留下了如此浓厚的一笔，那些印记在近些年里隐隐作痛，愈发深刻。在分别后的日子里，我的生活里再也没有了老唐可以去欺负，也再没有了子豪来欺负我。我不敢相信友谊说死它便死了，我也不愿相信五年来我与子豪、老唐从未有过联系。

每一个人都变得陌生，每一个人都变得孤独，孑然一身向着年少的理想孤独前往。

后来，我得知在某个画展上有几幅新作展出，其中的新秀画家叫老唐。我放下手边所有事情，赶到那个画展。我看到了那几幅挂在众多名作中的新作，虽显稚嫩却画风犀利。我一遍一遍地默念"老唐……老唐……"对着那幅老唐的画，我的双眼再次模糊了，泪水一圈一圈地在眼眶里打转，直到大颗落下。

那幅画画着三个紧紧靠在一起的肩膀，我一眼就看出，左边的是老唐，中间是我，右边敦厚的是子豪。画的上方是一片阴霾，前方却一片光芒。三个少年，三条路……不知何时再见。

我听到了五年来子豪唯一的一个消息。这个倔强的少年，这个死不认输的男人，再也不会出现在我的眼前了，再也无法和我勾肩搭背地在月光下走来走去了，再也不能默默地陪在我和老唐的左右了……我只是从家里人的口中听到断断续续的三两句话："程家的那个孩子，就是从小跟亚非特好的那个……好像出事了。"我疯了一样向所有人打听子豪的消息，程子豪，程子豪，我始终不能相信，这个陪我走过人生中最辉煌岁月的少年，这个始终与我并肩的兄弟就这样不在了。直到三天后，消息确实，报纸上写着："北京三日暴雨，一青年为救幼女不幸遇难……"再有什么我也记不住了，我只记得，第一行写着，他叫程子豪！

我甚至哭不出声音来，所有的记忆、友情、想念如久困的野兽一样撞击着我的胸口，我只能呜咽着，无力地捶打着脚下的土地。

子豪……真的不在了，甚至，我都没能见到他最后一面。程子豪，就这样永远地活在了我的记忆中。

我恨自己的固执，我恨自己的虚假，我恨自己为何五年没有做任何一点儿努力，任凭时间让我们渐行渐远。我知道我们都有梦想，可是这难道就成了最完美的借口吗？难道一定要我们在人生中孤军奋战么？这场没有硝烟的战争，这个残忍的敌人——漫长时光。我五年来第一次给老唐打去电话，电话是我几经波折从一个老唐的远方亲戚处要来的。

"子豪……不在了。"我不知道该怎样安慰老唐，第一句便这样残忍。接着便是长久的静默，我一直站得笔直，静静地等着老唐，直到呜咽的声音变成放声大哭，直到再也停不下来。

我们都哭了，抑制不住的泪水拼了命地往下掉。"亚非，这几年……你……你还好么？"老唐只一句便知道是我，然而我却只能带给他这个残酷的消息。"子豪……真的？……""嗯。"……于是我们又停不下来了，仿佛那块血肉被生生撕下一般，直到没有了声音。通话的最后，老唐和我都不忍结束，老唐说他三天后便飞回来，第一时间想见我。他也无时无刻不在怀念那段岁月，无时无刻不在想念我们。

挂断了电话，我不知该以怎样的姿势去迎接我记忆中最美好的面孔。只因这些年，我已经变得连我自己都快不认识了。

时过境迁，物是人非。突然没由来地心酸起来，程子豪，老唐……他们的身影与面容在眼前愈发地清澈透明起来。

我默默地在心里写下：唯愿无事常相见。

每当想起那段年少轻狂的岁月，心里总会有一张大网罩住我，令我感到窒息。有些事情不亲身经历怎么也不会懂，就像你告诉邻家的小弟弟每天要背几个单词，这样高考才能轻松应对一样，你看到的永远是一张充满不相信的脸，就像当初的自己一样，固执己见，却也无怨无悔。

什么是兄弟？兄弟就是有你陪伴，一路上都充满阳光。"只要我们愿意，我们会时时相逢，在人生这场永不结束的盛宴上。"

▷ 姑娘，你又美又善良，
　所以都会好的

1

嘿，姑娘。

很抱歉，在这个深夜里看到你如此狼狈的一面。

此刻你正坐在电脑面前，隔壁房间里爸妈已经入睡，你却盯着 word 文档发了呆，你想码几个字吗？你想说些什么呢？

你打开微信，翻看那些聊天记录，哭得像个傻子。

无从说起，真是无从说起。

2

我知道，你刚在一场饭局上赔了笑脸。

北漂三年，你第一次回家看望爸妈，带着事业上的成功，还有出版商发给你的大把奖金。

亲戚们都很羡慕你爸妈，说你终于飞黄腾达，拜托你介绍个工作给家里人。

朋友们都开始抱你大腿，想攀着你认识成功人士开启美好姻缘。

你都笑着答允，说我会尽力。

你心里想，就这样吧，话题就到这里为止吧。

3

饭局过半，有人提起年底订婚，你低着头沉默，不再参与这个话题。

可大家话锋一转，突然问起你的婚事。

你心里一惊，差点儿打翻酒杯。

果然，该来的，还是躲不掉。

你笑了笑，灌了半杯红酒。你说快了，快了，等他不忙了就带回来见见。

你起身去了卫生间，对着镜中的自己打打气："姑娘，撑住了啊，撑住了。"

你落座后和大家拼起了酒，讲北京的夜晚有多么美，聊起工作的趣事，谈笑间把眼泪忍了下去。

<h1 style="text-align:center">4</h1>

你们相恋 8 年，从 17 岁情窦初开到 25 岁花样年华。

这些年，你们陪伴了彼此成长。

16 岁时，为了和你上同一所高中，他放弃了中考最后一道大题。

17 岁时，他在操场向你告白，拉着你的衣角许你永远。

18 岁时，高考将你们分隔两地，从此开始长达四年的异地恋情。

22 岁时，你带着一纸毕业证书和几箱行李，北上投奔他。

24 岁时，他向你求婚，于是你放弃了梦想，开始学着当一个全职主妇。

25 岁，他出轨了。在你布置好的婚房里，她睡在你铺好的床上，穿着你的睡衣。

<h1 style="text-align:center">5</h1>

你推开门的那一刻，眼泪决堤。

你是不是其实早就知道？

是啊，怎么会看不出呢。

那些不再秒回的信息，那些深夜里的来电，那些越来越少的亲吻。

你收拾好行李，彻夜逃回了家。

于是他动员全部你们熟识的友人，求你原谅他。

小叶说，男人在外面玩很正常，重要的是他还能回来。

兔子说，他和她只是逢场作戏，对你才是真爱。

老徐说，你年龄大了，不能再任性了，错过他还指不定遇见谁呢。

所有人都在劝你别计较，却从来没人问问："你怎么样，还好吗？"

6

他发来大段大段的语音，说着你们的从前。

你把自己关在房间，闷了一瓶二锅头。听着那些话，只觉得是讽刺。

你很想问问他：

为什么八年的感情不敌短短两个月的露水情缘？

为什么那个姑娘没你漂亮，没你能干，你却输给她？

为什么他能忘记那些承诺，转头就睡在另一个姑娘的身旁？

7

我知道，你想不通。

我知道，你伤透了心。

我也知道，你对过往的一切情深义重，但从不回头。

这一直都是你，最厉害的地方。

再过几年，也就没什么人记得你和他的故事了，

什么山盟海誓、形影不离，都会渐渐被淡忘。

那些举案齐眉、天长地久，早晚也会有另一个人陪你完成。

8

《霸王别姬》不就是如此吗？

程蝶衣和段小楼之间经历过那么多，到最后，也不过是一句：
"您二位有二十多年没在一块唱了吧。"

再过几年，是风，是雨，也都过去了，也不记得那天的云和花了。

所以，亲爱的姑娘，擦干眼泪，早睡觉，做个梦，醒来之后，
你又是一条美汉子。

什么情仇爱恨，你还得在这滚滚红尘中继续走下去。

CHAPTER 2

不必纠结，
你想要的
时间终将
给你

生活给你的，

一定是你能承受的

▷ 去高原修行

有人说一辈子是场修行，短的是旅行，长的是人生。

在川藏高原的百姓口中，流传着这样一个传说：在青藏高原的雪山深处，有一个被双层雪山环抱的隐秘王国。那里有雪山、冰川、峡谷、森林、草甸、湖泊、河流、金块、宝石、牛羊，最清纯的空气，这个王国就叫香巴拉王国。在藏传佛教的经典中，像这样美丽、明朗、宁静、和谐的"净土"就被称为香格里拉。

而稻城亚丁，这个在前些年听起来并不算太响亮的名字，于我而言却有特殊的意义。

十年前，我从一本名叫《失落的地平线》的书中知道了香巴拉。书中描绘的香巴拉，有巍峨洁白的雪山、宁静澄澈的湖水、勤劳质朴的人民，仿若一片世外桃源般的净土。我清楚地记得那种感觉——那是一种震撼，然后开始魂牵梦绕地迷恋。我生性喜欢原始质朴的事物，我想去的地方，总是远离光怪陆离的大都市和富丽堂皇的场所。或许真的是从那一瞬间开始，我决定全然不顾周遭质疑的目光，背上装满梦想的行囊，独自前往藏地，寻找书中的那片香巴拉。

五年后，我的足迹遍布整个康巴藏区，直到这个时候我才彻底顿悟：无论走到哪里，无论身处何方，每个人心灵深处都有一个属于自己的香巴拉王国。

前些年，稻城亚丁与云南中甸相争谁才是正宗的香格里拉。这场争执以中甸干脆利落地改名叫香格里拉而告终。不过，现在看来，名字又有什么关系呢？世外桃源对于每个人而言都是不一样的，能安心处，便叫桃源。

一条悠长奇绝的山路，穿越尘嚣，向天空延伸；一队队无比虔诚的朝拜者，不辞辛劳，艰难跋涉，只为双脚踏上这块圣洁之地，奉献身心地为之叩首。

鲜花和绿草辉映的草场，潺潺流淌的小溪，五光十色的海子古朴幽深，神峰戴冰雪冠冕，披白云哈达，卓然挺立，一尘不染——惊世骇俗的神韵让你不由得匍匐跪拜，将胸膛与大地贴近，把灵魂与天空相融。

稻城，稻城，念着念着就会有疯狂的执念。

藏区是一个神秘的地方，许多人迫切地想去了解这个地方。在我去川藏之前，我就阅读了大量关于藏地、关于康巴藏族的图书，可是当我翻越折多山，真正抵达川藏时，我的心灵还是为之一颤。

昏和日初时分的景色令人激动，蓝天、白云、黄杨、红草、雪山、绿水，美不胜收。

高原的夜晚来得特别早。窗外是一座座大山，山上插满了五颜六色的经幡。层层叠叠的云幕将落日掩在身后，唯留下淡淡的鹅黄光晕，像一幅囊括天地的淡彩水墨画。云幕滚滚下的仙乃日主峰如黛，好似沉睡的远古上神，神秘庄严。

牛奶海在央迈勇的山坳里，呈扇贝形，中间是碧蓝的雪水，周边则是一圈乳白色环绕，这圈乳白色大致就是牛奶海名称的由来。近岸边的水略有些黑色，下面都是远久植物的沉积，往里面是浅绿色的一带，再深处便是碧蓝色的水面，蓝得透亮。海子微微有些流动，阳光透过云层在上面不停地掠过，于是它也如宝石般变幻着光彩，时而黯然，时而耀眼，时而又飘忽不定。

回望牛奶海，就像一颗蓝宝石镶嵌在雪山之中，不得不揉了揉眼睛，以再次确信没有出现错觉。细细观赏这块美玉，不禁让人发出惊叹声。它像一块魔镜般变幻着颜色，镜子上方就是仙乃日主峰，不知五色海是否就是她梳妆的地方。

一个人的心灵能走多远多高，来到海子山，你会明白，你已将心灵贴近天空，像你前方的苍鹰，周围的盘羊、鹿、麂、野兔、蛙獭……和你脚下摇曳的细花小草。你孤独，骄傲，庄严。

如果你在稻城遇到我，我一定会带你去塔公草原，感受仓央嘉措与玛吉阿米的爱情；如果你在稻城遇到我，我一定会带你去漫步兴伊措，手牵着手来一场舒适的旅行；如果你在稻城遇到我，我一定会带你去红草地，在小溪边沐浴高原阳光，享受一个暖暖的晨曦……稻城，若有一天我们相遇，必定于此共享零距离的好时光。喧嚣尘世，这里才是我们恬静的世界。

黄昏，在稻城客栈的咖啡厅里看那一抹渐渐泛红的晚霞，阅读一本陈旧的仓央嘉措的作品集。一如泸沽湖，一条织满了阳光的夏日蓝裙，一寸一寸，那是时间赋予的触目惊心的结痂。

去稻城亚丁，随处都是美景。沿路经过冲古寺、络绒牛场，脚步一步一步挪近，三座雪山仙乃日、央迈勇、夏诺多吉一点点显现出来，它们都是守护亚丁藏民的神山。藏民们说，若能够朝拜三次神山，便能实现今生之所愿。

那些朝圣的善男信女，扶老携幼，口中低诵经文，眼里闪出质朴的光，他们在向神山参拜，向苍天和大地祈祷，祈求健康，祷告幸福。

什么是高原？高原不仅仅是一条路，一种地貌，而是一种信仰，一种精神。这个季节的川西高原总是伴随着最灿烂的阳光和一望无际的格桑梅朵。夕阳西下的时候，远远地便能听到起伏不绝的酒歌，放牧人的黑帐篷上升起缕缕炊烟。这个季节的稻城亚丁，是一幅活灵活现的山水画。

在川藏行走，常常可以看到那些磕长头的信徒，他们一路走，一路朝拜。他们在用生命追寻他们的信仰，我也要用我的生命去书写我的故事。

如果你想记住一个人，就去藏地；如果你想忘记一个人，就去藏地。藏地，总有种力量教你重新出发。

▷ 我愿意为你忘记我姓名

19 岁的时候我说过我要去高原，24 岁的时候我到了。

那是一片离太阳最近的高原，那里有神山，有圣湖，那里生活着一个无忧无虑的游牧民族。

金瓦、金鹿、金色的大法轮，满眼金碧辉煌，而在这一片眩目的金色之外，则是逶迤的雪山和布达拉宫了……仙境也不过如此。

还有什么可说的呢？这里就是朝圣者们向往的彼岸。

高原缺氧，经常停水停电断网。我在高原的一千多个日夜，每一夜几乎都是在同伴们的故事中睡去的。

不知道为什么，每一次想起纪刚就会联想到王菲的《我愿意》，他是我的领导。

那一年的八月，纪刚一个人悄悄上路了。他要去成都。他要回去见两个女人，而那两个女人都不知道。

从川藏到成都，一千多千米的车程。如果是坐大巴，要坐整整两天。但是纪刚不想让等待再次延长，因为等待的时间实在太长了，他怕再这样等下去……

纪刚不敢再想了，活着，是这个中年男人的最大愿望。

纪刚找了一辆三菱越野车，谈好了价格就上路了。司机是个藏族小伙，他当然认识这个皮肤晒得黝黑的汉族中年男人。

藏族小伙掏出一支烟递给纪刚，因为常年往返于省城和高原之间，这个藏族男人的汉语说得很流利。

藏族小伙给纪刚点上烟，问道："纪队长，去成都做啥子？又是去抓人哇？"

纪刚猛地吸了一口烟，却一句话都没有说。他早已习惯了沉默。

纪刚望着窗外逐渐明亮的天色，从兜里掏出了手机，手机的屏幕背景是两个女人，一个大女人，一个小女人。看着看着，他就哭了，哭着哭着，他又笑了。上一次看见这两个女人是在什么时候，纪刚在心头数了数，尔后长长地叹了口气，已经八年了。

他要回家的事没有告诉任何人，他想给这两个女人一个惊喜。

这一年，是纪刚上高原的第十个年头。在高原上，时间早已不再是时间，唯一永恒的就是孤独与寂寞。对着石头说话，对着牦牛大笑，对着镜子里的自己痛哭。

这一座座连绵的青山埋葬了纪刚的所有快乐与悲伤，或许有一天，也将埋葬他自己。他实在太累了，他不怕苦，不怕死，但他怕看不到希望。

他心头明白，离开这里的理由有无数个，但留在这里的理由却只有一个。正是那唯一的理由，让他选择留在了高原。

那就是自己的战友，那些荣辱与共，出生入死的战友们是他在高原上所积累下来的唯一财富。

纪刚带队下乡，要坐八个小时的车，然后是骑马，然后是徒步，渴了喝一口山泉，累了躺在路边睡。无数个夜晚，他们在雪地上慢慢睡去；无数个夜晚，他们在凛冽的大风中前行。在嫌疑人的枪口下，他们从来没有退缩过。

抓捕行动大部分都是在夜晚进行，因为只有暮色才可以掩护自己，迷惑对手。他们在黑夜中前行，路旁都是万丈深渊，有时候，走着走着，人就少了一个，再往前走，又发现少了一个。直到行动结束，他才在深渊下看到自己走失的战友。没走多远，他又在路旁的丛林里看到一具血肉模糊的遗体，他认得散落在一旁的警号。

除此之外，他还有一颗比常人大几倍的心脏。

天刚放亮不久，三菱车便驶入了川藏路，车也变得越来越颠簸。在一段公路的转角处，纪刚让司机把车停了下来。他拿着一瓶青稞酒走了下去。

公路旁，有一颗巨大的石头。他弯下腰在路边摘了一把格桑梅朵，默默走到那巨石边上。他对着石头说了半天的话，但说的是什么，没有人听到。他打开手中那瓶青稞酒，洒在了那块巨石之上，然后又往自己的喉咙里猛灌了几口。

巨石之上，刻着五个人的名字，巨石之下，埋葬着五条年轻的生命。那都是纪刚手下的兵，在一次泥石流中被巨石砸中，遗体至今还埋在这块石头之下。

纪刚说："我从来都不觉得自己孤独，我时刻都能感觉身旁有自己的战友，他们有的活着，有的死了，但他们从来都没离开过。我一闭上眼，就能看到他们的笑，能听到他们的声音。"

"走的这五个战友，最年轻的才19岁。他父亲就是警察，在一次武装抓捕行动中牺牲了，组织上为了照顾他们，让他的儿子免试入了警。这个小子高中毕业后，就直接做了警察。他身体好，还在省运会上拿过奖，是国家二级运动员，就把这小子分到了特警队。可上班不到一个月，连工资都没拿到手，就走了。

"有一个小伙子，出事前刚结婚不久，调令来了几次，这小伙子就是不愿意走。我骂过他，打过他，这小子就是不肯走。有一次，他喝了酒，半夜跑到我家里面，抱着我的腿哭。他说，队长，这里穷，这里工资低，这里连语言都不通，这里连自来水里都有牛粪，这里危险。但是队长，我舍不得，我舍不得你们，我舍不得特警队，我不走，我不走。但这小子后来还是食言了，他走了，永远地走了。"

"还有一个叫杨洪，家是德阳中江的，母亲死得早，从小靠他爹拉扯大。生活过得不容易，他父亲又上了年纪，身体有病。出事后，我们一直不敢给他父亲讲。这事就一直瞒着，我们说，杨洪去执行任务去了，要很长时间才回来。后来，他爹居然坐了两天的车，一个人跑到高原来看他儿子了。我啥话都没说，直接跪在了老人面前。老人一句话都没说，连一滴眼泪都没掉，转身就走了。但我心里明白，老人的日子也不多了。"

"我心里难受。他们刚才还在和我说话，可是一转眼就走了。但我老是觉得他们没有死，他们只是去了另外的地方，他们仍旧活得好好的。我给他们说话，我给他们讲特警队的事，他们都能听到。他们一定能听到。"

三菱越野车继续前行，车到雅江时，已经是中午了。进藏的车辆很多，大多数都是来旅游的。吃饭的地方就在公路边，灰尘很大，纪刚心情好，点了一份雅鱼，炒了一个大白菜。开车的藏族小伙坐在他的身边吃泡面，纪刚看到菜的分量很足，就邀请藏族小伙和他一起吃。吃饭的时候，藏族小伙又问了纪刚一次去成都干啥。这一次纪刚没有再沉默，他笑着告诉他：回家。

纪刚 1995 年入藏，1997 年与高中同学刘逸云结婚，第二年就有了女儿纪珊珊。2003 年，年仅 28 岁的纪刚因为在一次抓捕行动中立功，被特警支队破格提拔为特警大队队长。从此之后，纪刚就再也没有回过一次家。最后一次看到女儿，她才五岁。当时和家人联络的方式只有书信和电话，他还记得，第一次听到女儿在电话里喊爸爸时，自己热泪盈眶的模样。

刘逸云每次给纪刚打电话或者写信，说得最多的一句话就是："你什么时候回来？"

每次刘逸云这么问，纪刚总是不知道该怎样回答。到了后来，纪刚就觉得烦了。只要刘逸云一问这个问题，他就会发火。从那以后，电话里的沉默就越来越多了。

什么时候回来？纪刚也总是这样问自己。可是他也不知道。

后来，刘逸云就很少给纪刚打电话了。刘逸云在信里说，女儿要长大了，以后的开销大得很，打电话太浪费了，我们以后就写信吧。

汽车继续前行，不久就开始翻越折多山。这个时候，突然乌云密布，空中落下了拇指大的冰蛋子。很快，远方山峦的头顶已经变成了白茫茫的一片。透过窗户，纪刚看到公路上有许多藏民在跪长头。

车到康定，纪刚在情歌广场附近买了几袋牦牛肉和一串用牦牛角做成的吊坠。他想把这些送给女儿，他又去彩虹桥买了几朵雪莲花。买完这些，他们又上路了。

车过天全，便很快驶入了成雅高速。纪刚闭上了眼睛，嘴角挂着浅浅的微笑。他能感觉到，家，已经越来越近了。

夜里十点的时候，三菱越野车终于到了新南门车站。一下车，纪刚就感觉闷得喘不过气来。刚走几步，汗水就湿透了衣服，难以隐忍的压抑在心头徘徊。

他身上穿的这件深蓝色的 T 恤，还是刘逸云八年前给他买的。站在川流不息的人群中，纪刚感觉自己已经离开了几个世纪了。

他在新南门附近逛了半天也没打到车，他顺着滨江路往下走，一直走到了合江亭。他从合江亭打车，往玉林小区走。距离并不远，但却走了整整半个小时。开车小年轻问他："您是西藏的吧？"

纪刚本来想说我是土生土长的成都人，但是他没有说。八年，已经将一个人改变得太多太多。他甚至能闻到自己身上酥油茶和牦牛肉的味道。他说："嗯，我是甘孜的。"

小年轻带着纪刚兜了一个大圈子，才将车停在了玉林小区的门口。纪刚知道这小子给他绕了路，换了他当年的脾气，估计连车都要给他砸了。可是现在，他没有这么做。他心里又开心，又紧张。他不知道该用什么样的表情面对自己的妻女，他不知道见到妻女的第一句话该说什么好。

他站在自家小区的门前，可是他却忘了回家的路。他自己都有些不相信，这条梦到过无数次的路为什么突然找不到了呢。那座大烟囱去了哪，守门的刘大爷去了哪，曾经的自己，去了哪？

他一边走，一边向路人打听。后来，他终于走到了自家单元的门口。他认得门口那棵银杏树。那棵银杏，是他在香港回归祖国那一年和刘逸云一起栽的。

他站在家门口，却没有勇气敲门。他内心忐忑不安，他一遍遍地骂自己没出息。后来，他终于鼓足勇气敲了门。

他已经想好了，等到门打开后，他会给妻子和女儿一个大大的拥抱，或许抱着大哭一场。然后一家三口去小区外面的火锅店好好聚一下。他要喝酒，他会让刘逸云喝酒，等到喝醉了，他就牵着两个女人回家。

他甚至早就计划好了这三天的安排。第一天，他带着妻子和女儿去欢乐谷痛痛快快地玩上一天。第二天，他带着她们去看自己那年迈的父母。第三天，他想去看看特警队牺牲战友的父母。

他将耳朵贴在防盗门上，希望听到一阵急匆匆的脚步声，或是一个女人扯着嗓门问，谁啊？可是等了半天，他所希望的都没有来到。他使劲拍了拍门，大声喊了刘逸云的名字。

隔了半晌，门终于打开了。开门的是一个坐着轮椅的女孩。借着灯光，纪刚清楚地看到这个女孩没有右腿。

女孩一脸青涩，看模样有十四五岁。十四五岁，和纪珊珊差不多大小。花样的年龄，却失去了右腿，纪刚的心微微有些疼。他连忙道歉，说："对不起，我敲错门了。"

纪刚转过身，准备往楼下走。可是他刚走几步，就听到身后传来一个女孩的声音。最开始，他以为自己听错了。他没有回头，只是停下了脚步。

他听到那个女孩在叫他爸爸。

他希望那个女孩是认错人了。他抱着一丝侥幸转过身，却清晰地看见女孩脸上有着与自己神似的眉目与神情。

他推开门，看见客厅的正中央摆放着一个女人的遗像。他感到山塌了。他沉默了许久，最后扑通一下跪在了地上。

她怎么能走呢？她怎么能丢下我和女儿就走呢？她还没有跟我过上一天好日子，怎么就走了呢？她说好要和我拍婚纱照，怎么就这样走了呢？我不信她真的走了。我不相信。

他跪在地上，泪水不停地往下掉。最后，他哭得已经没了眼泪。珊珊用手轻轻抚摸他那布满风尘的头发，他就这样靠着女儿睡着了。那一夜，他睡得特别的香。

因为他回家了，回家了。

在刘逸云的坟茔前，珊珊说："妈妈死了，死了已经五年了。2003年检查出乳腺癌，她谁都没有说。一年后，她就走了。死的时候，她留下了98封家书。我看了时间，这些信一直写到了2012年。我懂她的意思，每隔一个月，我就给你寄一封。"

珊珊说："你算过吗？你和妈妈结婚7年，你们在一起的日子有多久？你可能没算过，但妈妈算过，你们在一起的日子满打满算只有15天。15天，半个月的时间，就是你们的所有。妈妈想和你说话，妈妈想和你吵架，妈妈想和你一起去做许多许多的事。只要和你一起，无论做什么都是世上最浪漫的事。"

"可是她的世界没有你。七年来，妈妈把这 15 天翻来覆去地想了个遍，白天想，晚上也想，想你年轻时为她写的每一首诗，想你说的每一句话，想的每一个动作，想你的每一个表情，甚至想你发脾气时的样子。想完了，她就翻出相册看你的照片。看完了你的照片，她就看我。因为她说，我的身上有你的影子。"

"你知道吗？妈妈这七年，就是靠着这些回忆熬过来的。"

"妈妈一直活在自己的幻想中。每次看见一家三口在外面走，妈妈就会哭。那个时候我不懂，我不知道妈妈的泪水究竟是什么意思。但我知道，在她的世界里，一定有一座大房子，房子里有我们一家三口。这么多年，就是这个幻想在支撑着她。有时在街上看见穿警服的人，她就会发疯似的跑过去。可是等走近，看清不是你，她还会跟在那人后面走出很远很远。"

"妈妈走的时候，对我说，你是警察，你是光荣的高原警察。小时候，我也常常为自己的父亲是警察而自豪。可是后来我懂了，你保护了无数百姓群众，却没有保护好你的妻子和女儿。看见我的腿了吗？ 5.12 地震那天你在哪？你一定在灾区抢险救灾吧。但你是否知道，那个时候你的女儿在哪里呢？你知道我被埋在废墟下想得最多的人是谁吗？是你啊，爸爸，我想你了，即使你在我的心中是那么得模糊，模糊得我几乎不知道你的模样。但是我想你了，我想见到你，我没有了妈妈，我不能再没了你。"

纪刚坐在刘逸云的坟茔前，唱了一首她年轻时最喜欢的情歌——王菲的《我愿意》。当他唱到"我愿意为你忘记我姓名"时，他哭了，珊珊也哭了。

爱一个人，到底需要多长的时间？高原到内陆，甘孜到成都，每天都在发生着无数这样的故事。两座城市，两种截然不同的气候，千山万水的行走，春花秋月的情愫，沧海桑田的历程是 318 国道上曲折的轮胎印迹。

刘逸云走了，但纪刚却不曾离去，也就不曾孤单。爱你就像爱生命。因为爱的执着，生命之舟才可以乘风破浪。

▷　只为途中与你相见

　　我就这样，不知不觉地踏上了藏地。24 岁这一年，不问前途，也不知出路。

　　藏地有一种难以言语的魔力，悄悄地将我拉到她的身边。

　　当我孤身踏上这条朝圣之路时，既有梦想成真的激动，也有前路未卜的忐忑。若干年的蛰伏，终于得以换来这一次的相见。

　　我不知道高原在哪里，也不知道高原到底有多高，到底有多远。从大学的藏族同学讲述中，我知道从成都到他的家乡，要坐五天的汽车，还要翻越二郎山。

　　车内的人们渐渐活泛起来，三三两两凑在一起聊天。我邻座的格子衬衫弯腰把掉在地上的报纸捡起来扔在座位上，大大咧咧往上一坐，笑着问我："小伙子！怎么看你一路上都不怎么说话，到甘孜？"

　　"嗯，到甘孜去。"我有些木讷，大学毕业之后我变得沉默寡言，时间久了也忘记该如何与人沟通。思想就像一株久旱的槐木急切地需要清泉的浇灌，却又无力吸收一样。

格子衬衫有着北方男人的豪爽，对我的爱答不理完全不在意，咂咂嘴，热情地问我："听你说话带点儿四川口音，你是四川人？到藏区去做什么？"

他的豪爽让人心生亲近，我老实说道："我是绵阳人，到藏区工作。"说完就闭上嘴，突然我又觉得很不礼貌，连忙问他是哪里人。

"我啊，我祖籍北京的，后来退伍到绵阳做生意，就定居在绵阳了。你到藏区工作，刚毕业的大学生吧，做什么的？"格子衬衫一连口说道。

我指指身旁的迷彩包和捆成豆腐块形状的棉被，刚想开口他就抢说道："小伙子你是当兵的。"

"不算是。"我笑着摇摇头，"警察，高原警察。"

"哦！"格子衬衫明白地点点头，他拧开保温瓶盖子，放在一旁晾着，一边感叹道："小伙子好样的！我年轻的时候啊，也当过两年兵，那时候是在拉萨！七几年的时候条件比现在艰苦多了！复员回来就做起了生意，刚开始的时候什么都不懂，多亏一帮战友帮忙。"

他的语气中夹带着惆怅的意味，顺带觉得面前的格子衬衫也亲切起来，就和他天上地下瞎侃。

衬衫已经等不及了，对着瓶嘴轻轻啜了一口，烫得直龇牙，然后接着我的话说道："等你到了藏区啊，只怕就不想回来了！"

"是吗？"我不明白。

"你看窗外。"格子衬衫放下保温杯，半撑起身去开窗户，我看他侧身使不上力，也站起来扶了一把。

远处绵延重叠的山峦清晰地映在眼前，像是正值青年的男子，勇敢又充满力量。

高阔的天空蓝得深远，几朵温厚的白云遥遥缀在天上。格子衬衫手指着窗外，沿着他的方向我并没有看到一件确切的事物，也许他指的就是高原的所有，他问道："你看到这些景象有什么感觉？"

什么感觉？

"美！"我不解他的意思，但仍不假思索地脱口而出，"美，美得震撼！"

格子衬衫微笑着摇摇头："藏区的景初看来都是美的，人人都说这是震慑人心的美，可是你要细看，要去品。"

我从未见过这样的天，蓝得那么干净、纯粹，像高原清澈的湖泊般让人沉醉。郁郁葱葱的连绵大山上，成群的牦牛正深埋着头，品尝着碧绿的青草。宏伟的寺庙和成林的佛塔，以及那多彩的经幡，让藏区披上了一层神秘的面纱。

他闭上眼睛，似乎在回味窗外的景象，继续说道："藏区的山、水、草、木，或者一杯土都是活的，等你到了藏区，他们会留你。"

我展颜一笑，他如果说出一番大道理来我或许还能被说服，可他说这些草木山川会留人，我权当他是在说笑。

看他的神思又一次飘向窗外，我不禁想逗逗他，笑问道："那么你呢？怎么没有留在那里？"

和他谈话有种平和中又放飞思绪的感觉，让我觉得放松，看他突然沉静的样子，我生出玩笑的心思："怎么，难道藏区的草木没有留你吗？"我嘿嘿调笑他。

他也笑了，还大大地伸了个懒腰，装作无奈地叹口气："唉！倒是留我了，可惜我丫的没听懂。"

说完他自己也觉得好笑，大大地咧开嘴笑起来。

格子衬衫笑得开怀，我也陪着一笑。他虽然笑着，可那看似豪爽的笑容里却带着自嘲，让我觉得苦涩。

"是因为什么原因回来的吧？"我不忍看他的脸，觉得刺目，我低下头小心翼翼地问他。

他止了笑，手伸进上衣兜里摸出半包烟，可一想到这是在车上，又无奈地收了回去。

"要说为什么，这话说起来就长了。"他的语速很慢，我以为他会说什么，他却反问我道："说说你吧，小伙子，你是怎么想到去藏区呢？"

我一时不知道如何作答，我为什么去藏地？我只知道，我独自一人来到川西高原，已经三天没有洗澡，嘴唇干裂，眼睛深黑。

"小伙子！"隔了一会儿，格子衬衫突然感叹一声，说，"你刚才不是问我为什么没有留在藏区吗？"

"嗯。"斜靠着椅背很舒服，后背放松下来，我懒懒地不想再动，抬起眼皮好奇地看向他，示意他继续说下去。

格子衬衫正要开口，车停了下来。已到达康定，我和格子衬衫在站台要了份盒饭。

我站起来活动活动僵硬的身子，然后笑着坐下来："话说了一半，等会儿可要接着说。"

格子衬衫爽朗地笑着点点头。他尝一口青菜，嘟囔着说："有点儿咸了！"

他嘴上虽然这么说，但筷子不停地扒拉饭菜，风卷残云一样的吃法，一盒饭很快就扫进肚子里。

格子衬衫盖上一次性饭盒的盖子，顺手把饭盒推到一边，胳膊肘撑在桌子上专注地看着我，感叹说："我要讲的故事还真得从这盒饭说起。"

听他这么一说，我的好奇心一下子被勾起来。我疑惑地看向他，嘴里还嚼着干米饭。

"唉！"他抬起脸叹了一口气，很是无奈。我知道他是想抽根烟。他这一口气叹得很长，仰起脸将空气深深地吸入胸腔，沉进肚子里，然后又缓缓地吐出来，好像要叹一生那么长。

我手里有一拨没一拨地挑着面前的青菜，我不爱吃青菜。

一口气吐完，他才说道："小伙子，你们这一代生的时候好啊！什么苦都没赶上！我们那个时候……"

我不想打断他，可是他说到这里我忍不住想笑，他的样子看起来要长篇大论，他的语气就像一位老人在向下一代感叹自己悲惨又无奈的一生，这不像他的性子。

"没关系，你接着说。"我有些着赧，赶紧解释道，"我是有点儿不适应你的语气。"

格子衬衫哈哈一笑，身体放松地向后靠去，自嘲地笑道："我是人没老，心先老了！"

"七几年那时候拉萨还在实行计划经济，整个城市破败得不成样子。那时候沿海市场经济已经开始探头了，可藏区发展缓慢，不过好在有国家补助，日用品都是从北京、上海直接运过去的。"说到这里他神色有些不自然，端起保温杯喝了口水润喉。

我耐心地等着他继续讲，虽然讲的是拉萨，并不是我要去的川藏高原，强烈的好奇心促使我专心听下去。我突然想到他刚才说要从盒饭讲起，但却只字未提，也许是被我打断之后忘记了，不过这并不影响我的兴致。

喝完水，他平定了神色，继续讲："我那时候才十六岁，我家是北京的，家里条件也不错。我到拉萨之后很不适应。在拉萨，肉、粮食之类的生活用品都是按人头供应到单位，部队里相对要好一些，但是我在家里奢侈惯了，对那里的艰苦生活很排斥。"

我点点头表示理解，虽然我没有体会过那种感觉。

他笑了笑，问我："大二八、解放球鞋你知道吗？"

"嗯。"我点点头，老实说道，"大二八我小时候在乡下见过，都是很老的东西了。"

"是啊，在那时候能有一辆大二八已经是奢侈品了。"他并没有看着我，眼睛盯着我身后的椅子，陷入回忆，"家里从北京给我运生活用品，捎带着还有一辆大二八。部队里管得严，平时没机会骑，我就在每月休假那天骑上大二八满大街转悠。那时候傻乎乎的，还觉得自己特有型，碰上漂亮小姑娘还得意地吹口哨。"

他呵呵一笑，又说："不过也就是这样碰上她的。"

"她？一个女孩吗？"我想。

"那天下着雨，我一手扶车把一手打伞在路上闲逛，路过电厂的时候刚好看到一个女孩被一辆自行车撞了一个趔趄，手里提的几盒盒饭掉了一地，我就过去帮忙，我们就这么认识的。"他说。

很老套的桥段，不过也许到了重点，我正安静地听他往下说，他却不说了。

"然后呢？怎么不说了？"我疑惑地看向他。

格子衬衫端起保温杯喝水，杯子挡住他的半边脸，我看不清楚他的神色，他闷闷的声音好像从杯子里传出来。

他说："然后我们恋爱了！"

他没头没脑地说这么一句，我一时接受不了，就像在读一本小说，序章洋洋洒洒写了一大篇，正准备看更加精彩的正文时，翻开下一页竟然以一句话结束了！

格子衬衫放下杯子，爽朗一笑："唉！我是想，我这把年纪的人，和你一个年轻小伙讲这些，实在是……汗颜！哈哈！"

他这一笑，我也从沉闷中挣脱出来，咧起嘴轻笑道："每个人都有年轻的时候。"

格子衬衫笑得更加开怀。

"后来呢？后来你们怎么样？你又怎么离开拉萨的？"我急切地问。

"后来……其实没有后来。那天之后我知道她在电厂上班，每月休假我都到电厂去找她，那时候没有公园、没有游乐场，我就骑车带她在路上闲逛，逛得多了，聊得投机，感情越来越好。每次去找她，我就把家里寄来的东西给她捎去。可是她一次也没要。"格子衬衫脸上露出既无奈又了然的神色，很矛盾。

我不能理解这种矛盾，所以听他继续往下说。

"她是个很高傲的女孩。"格子衬衫微微一笑，"也很倔强。这是我以后才知道的。有一段时间部队安排我们连到电厂去帮工。电厂的条件更艰苦，你根本想象不到。"

　　"当时有个民谣：'电厂点蜡烛，煤矿烧牛粪。'"他说。

　　"这么说我就想象得到了。"我笑了笑，捶捶发木的肩膀，坐了一天的车，很疲累，但丝毫不减和他谈话的兴致。

　　格子衬衫也扭动身子，跷起了二郎腿，继续说道："在电厂里每天工作将近十个小时，虽然苦，但总算和她能天天见面。"

　　格子衬衫的神色很淡，淡得看不出情绪起伏，他继续说："只有近距离接触时两个人的矛盾才会凸显出来。她是个藏族姑娘，身上带着特有的高傲和狂野。她喜欢藏族的历史，她和我聊松赞干布如何带领他雄劲彪悍的骑兵气势磅礴地踏上吉雪沃塘，聊吉雪河的改道，聊文成公主，聊拉萨城的建立。"

　　格子衬衫垂下头，让身体完全放松，我感觉到他身体弥漫着无力的情绪，一种明知问题所在又不能逃避、不能解决的无力。

　　他抬起头，问我道："你知道我喜欢什么吗？"

　　我微一怔，正不知道如何回答。

　　格子衬衫叹了口气，原来他并不是在问我，也不需要我回答，他继续讲下去："我当时对藏区的了解仅仅是按例分发的几斤萝卜白菜，还有那些不到三层的木头水泥房子。她说的那些东西我听不懂，但是我仍然很耐心地听她讲，因为她是我喜欢的女孩。"

我的思绪还没抽离开来，格子衬衫已经开始继续讲他的故事，他说："从认识她开始，我才算真正进入了藏区。我学会了观察生活，从观察中去探索她们神秘悠远的文化。那时的我深刻地体会到自己的渺小。"

他打开窗户，指着天空让我看，说道："就好比站在这样的天空下的感觉。"

如果寻找一种颜色命名藏区，可以是高原天空无限的蔚蓝，可以是德格印经院一层一层的白，也可以是随处可见的高原红；然而想要寻找一种味道命名藏区，那只能是无处不在的藏香了，它轻轻环绕着寺庙与人家，人们每天点燃，轻烟直上，连接着雪域与上天。

云幕滚滚下远山如黛，好似沉睡的远古上神，神秘庄严。

格子衬衫也看着窗外，感叹道："它能让你觉得自己像蝼蚁一样微不足道。"

我没有听出来他说的是这窗外的景色，还是他当时贴近的藏族文化，但是我特别想表达我此时的心情。

"不只是自己，我觉得在它面前任何生命都显得渺小，但它又像是最活生生的生命体，它拥有一切生命的美好——吸引你，就像火苗吸引飞蛾一样。"我说。

"看来你已经开始和它对话了。"格子衬衫微笑着说。

我笑笑，只当他是调侃我，轻轻坐下来等着他继续讲他的故事。

格子衬衫露出一个意味深长的笑容，又转回最初的话题，说："当时的我越是贴近这种文化，越是被它吸引。我开始体会到我喜欢的姑娘为什么会如此执着地对她的家乡着迷，她执着的精神也感染了我。那时候我最大的乐趣就是看保罗·萨缪尔森的《经济学》，保罗于1970年获得诺贝尔奖，财经报纸上经常出现有关他的文章，我为他着迷。"

"她对理想的执着精神感染了我，却体现在完全不同的领域，她的理想本身就是挚爱她的故乡，而我的理想在她看来是完全物质化的，庸俗现实得可怕。"格子衬衫继续说道。

我虽然听得不算太懂，但是也大概明白了他的意思。

"这个藏族姑娘的思想很单纯。"话一说出口我就后悔了，我似乎没有立场去评价他们中的任何一人。

格子衬衫并不在意我的贸然，他点点头，补充道："她活在自己理想中的世界，我融不进去。"

我听得有些伤感，心里害怕后面发生的事情，但是我又执着地想确定答案，我问道："后来你们分手了？"

格子衬衫点点头，散发出沉寂的气息，万事了结之后的沉寂。

他原本静静地坐着，不带任何神色，突然一笑，说："你知道她后来怎么和我说的吗？"

他总是喜欢提出这样的疑问，唤起我的注意力，然后又自言自语地说："她说，第一次见到我的时候，看我脚踩大二八的样子活像一个土暴发户，说我就是镶了金牙也掩盖不了内里的痞气。"

他顿了顿，叹口气，又说："可是她说当我扔了自行车上前帮忙的时候就已经被我吸引了，她喜欢我毫不掩饰的热情和善良。"

我看到格子衬衫的表情有些模糊，看不透他现在是什么心情。

"后来你们……"我不知道怎么说，又一次笨拙地提到后来。

"就像之前说的，我们没有后来，我们分手了，我也复员回到北京，之后又到绵阳。"格子衬衫静静地陈述道。

我突然明白为什么我会如此执着地往下问，原来是希望听到他说一个相反的答案，比如——他们成家了，或者格子衬衫并没有离开拉萨，但是显然我的希望是完全不可能的。

隐约觉得这个故事在某些地方撼动了我，但我又迷茫把握不住重点。

故事讲到这里，格子衬衫松了一口气，眼皮合起一半，但是精神很好，他又说："其实，她爱我，至少当时是爱的；我也爱她，也许现在仍然爱着。但是到了我这个年纪，这种爱已经不是一段感情，也不是一个人，只剩下一种心情。就如藏在被现实摧残的心底里的一点儿亮光，偶尔想起还是觉得幸福。"

"这么说，你们没有在一起是因为感情和理想不合。"我试探地说。

格子衬衫听到我的话，沉吟了一会儿，说道："算是，也不算是。"

我不解地看着他。

"可以说是因为感情和理想不合而分手，也可以说是现实与理想不符。我们相爱想在一起，这是理想状态；但我们各自追求不同，无法融合，这便是现实状态。"他说。

"为什么不能把现实状态和理想状态完美地糅合起来，或者说在感情与理想之间找一个契合点？"我不假思索地问。

格子衬衫定定地看着我摇摇头，说："如果爱得不那么深刻，或者对于理想不那么执着也许有这种可能，但是不管是她还是我，都没有做到。我们受的感染太深，谁都不愿意妥协。"

我被他的眼光注视得很不自在，让我觉得恐慌，来自心灵深处的恐慌。我想结束这个话题。

"说到北京，让我想起一个朋友，他也是北京人。"我说。

"同学？"格子衬衫迅速地从自己的思绪中抽回，问道。

我点点头，轻松地说道："他叫赵飞，是我的大学同学，我们关系很好。他常常说起北京。"

说到北京，格子衬衫又恢复了原本的豪爽，畅怀一笑，感叹道："我已经很久没回北京了，等什么时候有时间一定要回去看看。如果说拉萨给了我追求理想的力量，那么北京才是我理想的本源。"

我们终于又回到轻松的谈话气氛里。

"也许这次去川藏，它也会给我追求理想的力量。"我笑着说。

"会的！"格子衬衫笃定地回答我。

"也……"我刚说了一个字，突然觉得不合时宜，硬生生卡住了。

格子衬衫了然一笑，温和地接过我的话说："也希望它能给你一份完美的爱情！"

窗外出现几盏暗淡明灭的路灯。长途大巴停在一个不知名的小地方。

格子衬衫看了看窗外，说："我到站了！"

"嗯？"我一时还没有反应过来。

他一边站起身去拿行李架上的包裹，一边对我说："小伙子，跟你聊得很开心，对了，还不知道你叫什么名字？"

我没有回答，只是相视一笑。

格子衬衫走得匆忙，我一直在怔愣中没有回过神，想想也不过是个过客，就像很多人一样，在你的生命旅途中上来了又走，兜兜转转。

经幡在山头拂动的时候，云朵飘到了我的窗口。

对着我微笑的云朵，羞红了格桑梅朵的脸，很像是一场草原上的邂逅。

来不及牵手，触手可及的云朵却被高原上的一阵风给带走，缓缓散尽在蓝蓝的天空。

我摇着经筒，独行在天路，一路朝拜，用胸膛丈量天空的高度，只为寻找那梦中的云朵。

沿路的玛尼堆是我想你的痕迹，雪山上一浅一深的脚印是我寻找你的足迹。

我是后来才知道，云朵每天都来过。

它越过高高的卡瓦洛日，飞过奔流而下的雅鲁藏布，长途跋涉只为飘到我的窗前，点一炷藏香，美丽我的梦。

在川藏线上行走，遇到了很多像格子衬衫一样的异乡人。背包客、骑行者……他们的身份不同，听他们讲故事成了我在高原的最大趣事。藏地，对于我来说，是新生和升华。等到我的孩子长大，我要同他重返川藏高原，进行一次脱胎换骨的天路骑行，带着他去远方长大，去远方发现自己。

▷ 如果想我，就看看天上的云朵

　　坐在靠窗的床边，思索着这些天来奇怪的梦。那些本来已经远去的人，重新回到了我的生活：那些天真无邪的笑容，那些哼唱的校园歌曲，那些因失去而流下的泪水……只是，那一切的美好和悲伤都将一去不复返，如同我那已经不再单纯的笑容一样。

　　高原的九月拥有最美丽的天空，朵朵白云在小城里肆意飘扬。不要问我在哪里，我在云里。当你想念我的时候，抬头看看天空，或许就能看到我。

　　多年前的夏末，带着一丝恐惧，一丝期待，我背着重重的行囊，从泸州回到了家里。天气越来越冷，我藏在被窝里，编织着属于自己的梦。身体越发的不适，终于鼓足勇气在一月的某一个午后去查了血。等待是一种煎熬，我在惶恐不安中度过了那七天。在去医院拿化验单的路上，我想过各种可能，如果是我将怎样，如果不是我又将怎样。最终我却发现，无论是与否，我都将坚强地活着。为了父母，更为了自己。或许这只是一场闹剧，拿到化验单，医生说你的身体比一般的人都要好，血红蛋白180多了。走出医院的那一刻，我没有丝毫的欢喜，却有一种哭的冲动。人是那么的渺小，渺小得可以自己吓死自己。晚上，和弟弟宇沁在火锅店里喝酒。要了一瓶一斤装的丰谷酒。辣辣的白酒倒进胃里，有一种暖暖的感觉。后来，我们去了KTV，叫了一大堆各自的朋友，喝得天昏地暗。

那年大年三十的晚上，我和父亲发生了争吵。我和父亲面对面地坐在餐桌的两头，争吵的声音越来越大，但我们仍然没有停止的意思，依旧大声地表达自己的观点。父亲说："请你以后不要再撒谎了，去哪儿玩就直接跟我说，晚上不回来也要提前给我讲，你这样喝了酒在外面让我多不放心。"我说："我撒谎还不是为了不让你操心，还不是让你晚上能睡好觉。"父亲说："以后有什么事情，你就直说，不要编那么多谎话。"我说："以后我还是会这样，报喜不报忧，所有事情我都一个人扛。"我就这样和父亲激烈地争吵着。但后来，我们吵着吵着就笑了。我和父亲的眼中，却分明都含着泪。那天晚上，我们并没有因吵架而悲伤，反而有一种轻松的感觉。难怪有一句话是这样说的，吵架是最好的交流。新年的礼花在远方绽放，我早已醉得走路都踉跄。

那个三月已经有了温暖的感觉，那只美丽的风筝在我的心中一遍遍地飞过。三月的高原依旧很冷。站在雅砻江畔，看苍鹰在空中翱翔，飞得却是那么的悲凉。我却在恍然间，看到漫天飞舞的风筝。

《最爱》在五月上映了，雨后的成都是座梦幻的城。我顺着那条曾经无比熟悉的街，向远方走去。《最爱》是我们的约定。蒙蒙细雨中，我们走在熙熙攘攘的人群里。这是一部飘荡着死亡气息的电影，更是一部洋溢着新生的序曲。一段路的结束，是另一段路的开始。或许，冥冥中，我也看清了我想要珍惜的人，看清了明天。

老狼来了。这个陪伴我走过整个高中三年的男人。记得高中的时候，每到夜晚，我就戴上耳机，听着老狼的歌入睡。六月的开端，老狼来了。坐在音乐厅里，有一种做梦的感觉。老狼站在舞台的最中央，穿着最朴实的衣服，拿着最普通的吉他，唱着最熟悉的歌。恍惚间，我回到了那曾经美丽的高中校园，骑着那辆崭新的自行车，在风中追寻着自己最爱的女孩，肆意挥霍着最美丽的青春。回到了大学校园，呼吸着充满芳香的空气，看着学弟学妹们阳光般的微笑，我终于要承认，这里已经成了我的回忆。六月的尾巴开始有些闷热，那个夜晚，我们在绵阳听汪峰唱歌。初夏，我们在黑夜里行走，在北川老城行走，在北川新城行走，吃安昌的凉粉，吃绵阳的小火锅。那是我生命中最美妙的一笔，那是我青春里最闪亮的日子。

泸州，这座火焰山般的城市我又来了。见到了在警校初任培训的战友，被灌得一塌糊涂。培训短暂的时光就这样悄然结束，我们还来不及留下一张合影就匆匆离开，回到各自的工作岗位。这就是我们的青春，与众不同的青春，肩负使命的青春，背负忠诚的青春。我们走在长江边，我们走在山顶球场，我们走在英雄墙边，我们走在龙透关，我们走在青春的尾巴上。离开的那个傍晚，陈进宇抓着我的手，说："兄弟，明天再走吧，今晚，我们兄弟几个再好好喝一杯。"我摆了摆手，留下一句："相见，不如怀念。"尔后，我转过身，没有再回头。我知道我是残忍的，残忍得没有说一句再见；我知道我们的青春是残忍的，再见或许就是永别。我最亲爱的兄弟，有多少的知心话没有说出口；我最亲爱的兄弟，最美好的青春和你们在一起；我最亲爱的兄弟，未来的日子，珍重！回到了成都，一切都进入了倒计时。美好的日子总是有些匆匆，美味的厕所串串、刺激惊险的欢乐谷、每天都会路过的 SM 广场、人多得不可开交的180 路公交、躲避交警的小三轮……我们的青春，处处留痕。

所有还不想结尾的故事要结尾了，所有还来不及结束的时光要结束了。藏香扑鼻而来的时候，我躺在拉日玛草原上，看朵朵白云在风中自由舞蹈，耳畔的格桑梅朵散发出最诱人的香。我去了高原，交付了我的全部，以为不再走了，千山以及万水，它们就在身后。而那与之相厮守的草原、蓝天、青稞地，它们像雪山一样保持着沉默。如果想我，就看看天空上的云朵。

▷ 努力，是为了不辜负自己

这可能是我 30 岁之前，走过的最阴暗的一段路。

那一年，距离第一本长篇小说《边缘》出版已经很长时间，一本高中时代创作的稚嫩小说难以带来惊喜和成就感。后来，把所有的重心都花在了另一部小说的创作上。巧合的是，那部小说完成后不久，网上出现了铺天盖地的关于我骗稿的帖子。随之而来的是所属作协的问责和学院的开除警告，还有更多文友和编辑鄙夷的眼神。刚二十出头的小年轻哪见过这种场面，不敢再去学校，关掉手机，一个人躲在出租屋里度过了整个冬天。时至今日，有心的朋友仍可以在天涯的某些版块上看到那些关于我骗稿的帖子。但真相永远只有一个，问心无愧就行。再后来，家乡发生特大地震，那台存满了我所有书稿的笔记本电脑摔得粉碎，坚持了长达十年的文学创作也戛然而止。

长久的沉默，总会有爆发的时刻，终于在 2010 年 8 月，我穿上警服一周年的这一天重新拿起了笔，开始了《藏香》的创作。四个月，厚厚的五本笔记本被我写满，初稿完成，全文共计35万字。我对全文校对一次后，开始向国内各类出版社、出版公司、工作室疯狂投稿。一个月后，陆陆续续收到了回函。都是退稿信，唯有西南某出版社的编辑第一时间联系我，告知选题通过，可以签约。我欣喜万分，想到多年的沉寂后，终于可以看到自己的作品出版，之前就算有再多的委屈和辛劳都是值得的。可是，对方很快又说："出版可以，但需要用你的笔名。"我疑惑，从开始文学创作以来，我从未用过任何笔名。对方支支吾吾半天才回答道："你的名字因为骗稿事件在出版界已经臭了，用你的真名担心会影响这本书的发行和销售。"不久又遇到一位心意坦诚的编辑，在谈好了版税和首印数，即将签订合同的时候，那位编辑突然义正词严地给我打来电话："廖宇靖，这篇小说真的是你写的吗？"

难受和绝望让我几乎失去了再去寻找出版机构的勇气。或许，这就是成长的代价吧。想了整整一夜，终于想明白了。把心思都转移在才接触的刑侦工作上，《藏香》的事就顺其自然吧。

失去和机遇总是如影随形。最绝望的时候，北京一家出版公司的编辑找到了我。没有任何的迟疑和犹豫，签约，设计封面，用一种难以想象的速度迅速推进。编辑小强对我说，公司计划8月全国上市！看着精美的《藏香》封面，我难以抑制内心的兴奋。

　　但是问题很快也接踵而至。最初对《藏香》的构思是一部主旋律的军旅题材长篇，出版公司在签约后提出了非常详细的修改意见，要求我将小说改成一部主打女性读者的言情小说。从军旅到言情，这是一个多么大的跨度。全稿面临着大面积的修改和删减。这一次，我又迟疑了，面对这样一个庞大却又精细的工程，修改工作实在不知道从何下手。再加上那段时间案件量陡升，长期在外地办案的我将《藏香》的修改工作一拖再拖。文稿放得越久，感觉就越淡。半年后，当我再次打开《藏香》的 Word 文档，面对选题大方向的调整，依然毫无头绪。我终于鼓足勇气告诉编辑：《藏香》我要重新写。然后，就没有然后了。《藏香》是我到目前为止最想写好的一本书，为了自己，为了娜姆，也为了在高原的战友。未来的日子，我必将倾尽全力，写好《藏香》。

　　再说说《川藏秘录》吧。这本书的创作纯属为了打发在高原的无聊日子，也是我创作效率最高的一本小说。时间不长的创作后，20 万字的初稿就出来了。写作《川藏秘录》的经历也相当有趣，在雪山上、在草原上、在雅砻江上，只要一有空，我就会拿起笔。

　　在创作《川藏秘录》前，我对小说的读者进行了定位：悬疑推理、寻宝爱好者、西域文化爱好者。

完稿后，按照习惯对全文进行了一次校对后，带着希望又开始了漫漫投稿路。而《川藏秘录》带给我的投稿波折，真正见证了一个作者的弱势和无助。

第一个签下《川藏秘录》的是一家中央级出版社，和《藏香》一样，初期接洽和签约工作非常顺利，谈版税到最后签合同，只用了短短一周的时间。这一次，我没有再在版税和首印数上纠结，我太渴望看到自己的作品印成铅字了！之后，我就开始了漫长的等待。期间，编辑做好了封面文案，封面宣传语是这样写的：如果你想忘记一个人，就独自去藏地；如果你想记住一个人，就独自去藏地；藏域总会有力量教你如何重新出发。似乎一切都在向着好的方向发展。一个月后，一个悲观的消息传来，由于某些原因，出版社不予出版了。

历经曲折，终于和这家出版社解约了。但我没有因为这次受挫而失去信心，更坚信好的作品经得住任何考验。后来，北京一家出版代理公司找到我，强烈希望签下《川藏秘录》，并开出了较为丰厚的版税报酬。没有太多的考虑，满怀欣喜地签下合约，然后再次开始了漫长的等待。很是不幸，因或这或那的原因，仍是无疾而终。

后来，两部小说都顺利出版。直到现在我才想通一件事：努力，是为了不辜负自己。

我比谁都相信努力奋斗的意义。生命就是一场没有尽头的奔跑。可是我们不知道我们为什么跑，奔跑的方向，终点又在哪，尽头在何处。有一天，或许当你突然停了下来，只留下身后人愕然的表情。在走向梦想的征途中，命运之神总是眷顾那些坚持到最后的人。

▷ 愿你终将成长为有力量的人

近日偶然翻书看到这句话，然后就萌发了想要写点儿什么的冲动。但是我们今天不谈孤独，我想说一说力量。

还记得小时候，曾经有女孩子夸奖我是一个温柔的男孩子，后来，初恋说，我还记得你当初是那么温柔的一个人啊。那时年幼，不能理解温柔到底是种什么东西，只觉得是对男子气概的侮辱。直到现在，我才觉得，温柔，其实是种力量。

人总会长大，不知道究竟要被打倒过多少次才能笑着面对世界。

所以你终将会变得温柔，这是你的伤痛，更是你的成长。

你变得温柔，对每一个人温柔，变得没有什么可以动摇你的本心。

黄小琥在《顺其自然》里唱："有些成长，来自成人。你终于挣脱怨与恨。"

这大概就是成熟了吧，你不再因为一点儿小事而耿耿于怀，你可以说服自己去理解身边的每一个人、每一件事。你开始懂得每个人都有每个人的活法，没有对与错，我们都在成长。

我也相信殊途同归这件事，无论道路怎么坎坷，终点都是一样的，你终将成长为一个有力量的人，得以立足于世上。

这力量有很多，可以是变得温柔，可以是享受孤独。

时间从来不会停下来等一等你，我们都是被逼着成长，被时间推着一路向前走着。

一路走来一路失散，越长大越孤独。

你会忽然发现年少时的好多朋友早就不见了踪影，你丢了多少朋友，有些是你丢掉了他们，有些是他们丢掉了你，这一切又都无可奈何。

最后终于明白，为什么每当无能为力的时候，我们总爱说顺其自然。

开始无比怀念从前的时光，那时还没尝尽孤独，还没学会一个人承受，但也没现在这么强大。

从小就被世界温柔相待的孩子大多数是温柔的，因为他们学会的是接受温暖和传递温暖。

从小就接受了这世界上的种种磨炼，承受了孤独的孩子一定会是温柔的。因为他们只学会了一件事，那就是善待自己、理解他人。

年轻时总习惯去争论，要别人照我的剧本走，到最后满身伤痕，才明白悲哀的是互不信任。

拖延就是我们忙着做一大堆无关紧要的事情，以逃避那些真正该去做的事情。

那些真正该做的事情都在你的内心里，它可能是你考研时的众多专业课，也可能是你以梦想为基的自己选择的路。我想说的是，我们应该从中掌握力量，学会忙里偷闲，学会更高效率地安排生活，学会从忙到不忙。在我看来不忙是种力量。

我们每天都在忙，有些人忙着生活，有些人忙着生存。

我们总是有诸多选择，所以你开始有选择困难症，你开始有拖延症，你开始找不准人生的方向，开始感觉孤独。你看着身边人忙忙碌碌、行色匆匆，不知道自己要怎么脱颖而出，是不是？

但是你是不是忘记了，你也有你的梦想，你有你真正喜欢做的事情啊。一条《我只过那 1% 的生活》的微博很火，它无非是个聪明的广告罢了，但是我们之所以如此疯狂地同意它，就是因为它让我们看到了坚持自己的选择终归不会错。所以，不要因为任何的外界因素而动摇你的本心。

我总是想多尝试，想努力做好什么，证明什么，可笑却认真。

我内心也真真地明白，想多攀几座山的人注定要多摔几跤，想多看不一样的世界就注定要多受打击。想被别人看到，想发光，就要坚持自己内心真正的选择。

我在网上发了条说说，暗示自己一定会拥有更强大的身体，看到更多的风景。

"可你看到什么了？"网友回复我。

我使劲地想了想，说："山的那边还是山。"

不知道为什么，打下这几个字的时候心里泛起一丝酸楚。我不知道这样算努力过吗，以后会后悔吗？

但是我知道不顺从自己的内心一定是不对的，就算任性了又如何？

过去唯一而未来三千。谁也不知道明天会发生什么。

即使你现在是孤独的，但你一定要知道，这世界没有一件事情是虚空而生的。站在光里，背后就会有阴影。这深夜里一片寂静，是因为你还没有听见声音。

愿你终将成长为有力量的人，不畏孤独，得世界温柔相待。

▷　我学会飞翔，却原来借走了你的翅膀

《十年》。

少年时最喜欢的一首歌，似懂非懂的歌词，沧桑四溢的歌声，陪伴着我走过了懵懂的青春。记得也是像现在一样明媚的春天，学校外面能看到大片大片的油菜花。暗恋了很久的隔壁班女生交了男友，伤心欲绝的我花了一个星期的生活费去淘了一张陈奕迅的CD。简单的字，零散的词，每天夜里，听陈奕迅的歌觉得每一首歌都在唱自己。所有的歌中，尤其喜欢这首《十年》。那一年，我19岁。

十年后的2016年年初，从新闻报道中得知陈奕迅要来成都开演唱会的消息。从不追星的我一咬牙，花高价从黄牛手里买了演唱会门票，但当我坐在偌大的成体看台，才发现他的新歌我一首歌都不会唱。除了那首《十年》。这一年，我29岁。距离我出版第一本书十三年。

而这一年，你，53岁。

十年，很长，长得甚至忘了自己最初的模样。

十年，很短，短得用只字片语就可以诉说过往。

世上最美好的事是：我已经长大，你还未老；我有能力报答，你仍然健康。

17岁那年的春天，和你发生了有生以来最激烈的一次争吵。争论的议题是北上艺考这件事。

你希望我老老实实地在老家参加高考，考不上就去当兵。我死活不干，我告诉你，我的目标是中戏。你说不过我，吵到最后，说话总是比我慢半拍的你从厨房里提起砍刀，追着我跑了几千米。

你跑不过我，我很轻松地把你甩得很远。后来，你还是追上我了。你说："兔崽子跑得过我的人还没出生呢，我以前是练田径的。"你不知道，当我发现你的步伐没有过去那样矫健的时候，当我发现你已经微微驼背的时候，当我看见你的鬓角已经微微白发的时候，我故意停了下来，让你追上我。

17岁的冬天，因为我在课堂上写"黄色小说"，你被请到了学校。回来的时候，你手上拿着一张劝退通知书，满脸焦虑地问我："这就是你想要的未来吗？"你尽量压制住颤抖的声音小心翼翼地求我好好学习，不要再写什么小说了，你央求道："爸不求你飞黄腾达，不要犯流氓罪进班房就行。"你还收掉了我所有的小说手稿，你说你会点一把火把它们都给烧掉，你说臭小子以后再敢在课堂上写小说打断我的手。

你 41 岁生日那天，我送给你一部当时市面上最新款的智能手机。你依旧像过去一样，满脸焦虑地看着我，生怕这意外的礼物又是我用什么歪门邪道搞来的。我告诉你这是我的第一笔稿费。你满脸诧异地看着我，你实在不敢相信一个作文都很少及格的人能拿到稿费，直到我掏出那张全国一等奖的获奖证书。那晚，你喝了很多。

一个月后的某个夜晚，我和妈妈等你到深夜都不见你回家。你的电话打不通，问过你所有的朋友和同事都不知道你的踪影。和妈妈去派出所报了警，因为失踪时间太短而无法立案。我和妈妈绝望地在你每天上下班必经的路上寻找你的身影。最后在公交总站找到了满脸疲惫的你。你说手机掉了，一直在找，找遍了所有地方，但怎么也找不到。回家的路上，你一副欲言又止的样子。

当所有人都在为高考而忙得焦头烂额的时候，你终于同意我去北京准备艺术类专业考试。那年我 18 岁，一个人去了北京，身上的 6000 元现金在火车上被偷得精光。为了不让你操心，我用银行卡里的 1000 元过了半年，为了节约钱，睡地下室，舍不得打车，每天去学校上课步行四五千米。

如果当年你从北京的东棉花胡同路过，一定能常常看到一个胡子拉碴、背着一个冒牌阿迪背包的青年，他左手拿着馒头，右手拿着一瓶冻得快结冰的矿泉水，在寒风里被冻得瑟瑟发抖仍执着前行的身影。这个身影是我，也是曾经为了我放弃梦想的你。

你文化程度不高，性格又倔。让你学拼音发短信，你一直不肯。在北京的某一天，我的手机突然响了，打开一看，居然是你发来的短信："靖：多穿！"

在北京的日子依旧是忙忙碌碌，每日奔波各个考点之间。中戏张榜那天，我没有看到自己的名字，失望地踏上了回绵阳的火车。"靖：车上注意安全，我在家给你做了回锅肉。"后来听妈妈说，我走后，你开始自学拼音，每给我发一条短信之前，都会小心翼翼地将想说的话写在纸上，然后翻开《新华字典》，一个一个字地查。

16 岁生日，你说要送给我一份大礼。你第一次允许我喝酒，六瓶冰啤酒后，你交给我一个大信封，信封里装着我厚厚的手稿。你撒了谎，你没有烧掉我的"黄色小说"。三个月后，我的首部长篇小说《边缘》出版。我用写"黄色小说"赚来的稿费，给你买了一部新手机。而这部手机，你一直舍不得换，一用就是六年。

21 岁，我离开你的第三年，我们以为我们会再次发生争吵。因为挂科太多，我收到了系里下发的降级警告，教务处的老师将电话打到了你那，说是这样下去的结果是领不到毕业证。那个时候，我是真怕了，坐火车回家向你认错。你没有说一句怪罪的话，二两酒下肚，淡淡地对我说："大不了，我养你。"

每当我遇到挫折的时候，你就会对我说："儿子，没事，我养你！"短短一句"我养你"，总会让我重拾信心。谢谢你，我的父亲。当有一天你老了，我会对你说："爸，没事，我养你。"

21岁那年，家乡发生了地震。清晰地记得那个闷热的午后，剧烈的摇晃后，我和你失去了一切联系。疯狂地拨打你和母亲的电话，却是一阵忙音。随着时间的推移，绵阳全线告急的消息从电波中传来。一直等到那天傍晚，我才和你第一次通上电话。记得很清楚，你的第一句话是："家里很好，不用担心。"一个月后，我以志愿者的身份结束了在都江堰的救灾行动回到绵阳，却看到满目疮痍的家和受伤在床的母亲。你又撒了谎。

也是在这一年，国内铺天盖地地出现了我骗稿抄袭的负面报道。你没有说一句话，顶着烈日，骑着那辆破旧的自行车，走遍绵阳大街小巷，收回了上千份刊发我负面新闻的报纸。回来后，烈日晒得你脱下一层皮。

23岁那年，我大学毕业，参加了公务员考试，报考的职位是在千里之外的康巴藏区。你默许了。顺利地通过笔试和面试后，随之而来的是体检。当时的我，戴着一副八百多度的高度近视眼镜。由于我的疏忽，在得到面试通过的消息时，距离体检只剩下一天半的时间。

进行 Lasik 激光手术的前一天要对眼睛进行全面的检查，确定无疾病后才可手术。这样算来，做手术要两天的时间，但是留给我的时间只有一天半了。

时针指向了下午五点，医生们都准备下班了，你苦苦哀求医生，这才答应第二天上午进行检查，在确认没问题的前提下，可在下午进行手术。

这一夜，你和我都失眠了。你独自坐在客厅，抽了很多烟，几乎一夜未合眼。

我也失眠了，留给我的时间只有一天，期间的任何环节都不能出问题。24 小时，我要完成术前检查，做完 Lasik 激光手术，然后在父亲的照看下，戴着眼罩坐上开往成都双流机场的大巴，在机场休息一夜后，又要飞往千里之外的康定。这就是在和时间赛跑啊。

术前检查和手术都很顺利，我躺在手术台上，闻到一股角膜被烧焦的味道。医生为我戴上了眼罩，嘱咐我明天天亮之前，不要用眼。

走出手术室，我的眼前一片黑暗，你牵住了我的手。

在我的记忆中，这是告别童年后你第一次牵住我的手。我努力挣扎开，又被你一把抓住。

我的内心充满了恐惧，我每走一步都是如此得艰难，你紧紧拉住我的手，在我耳边说："不要怕，跟我走。来，一步一步慢慢走。大胆向前走吧，有我在。"你说的每句话，都深深烙在了我的心里。

前方如此黑暗，步履如此艰难，但你那双有力的手，给了我最大的心灵慰藉。路是平的，但我却始终觉得下一步会遇到阶梯或障碍物，你在一旁鼓励："别怕！有我在！往前走！"

那一天，你说得最多的一句话就是："别怕，有我在。"

坐在开往成都双流机场的大巴上，你依旧有力地握着我的手。大巴的电视机里传来一首歌，我虽然看不见，但听得见："你是我的眼，带我领略四季的变换；你是我的眼，带我穿越拥挤的人潮；你是我的眼，带我阅读浩瀚的书海；你是我的眼，让我看见这世界，就在我眼前。"

在机场宾馆，大堂经理把我当作盲人，专门为我们父子俩安排了一楼的房间，并承诺第二天开车送我们去机场。我躺在床上，双眼像万只蚂蚁在叮咬一样难受，我知道这是 Lasik 术后的正常反应。你在附近的餐馆里买来了我最喜欢的回锅肉、土豆丝和米饭。我没有一点儿食欲，你就一口一口喂我，像小时候一样。

天亮了，阳光照在我的脸上，有些刺眼。你为我轻轻摘下眼罩，我不敢睁眼，我害怕睁开后什么也看不见。黑暗，像一个无底黑洞，死死地抓着我的身体，让我无法动弹。你在我身旁鼓励："别怕，睁开眼。"我缓缓睁开眼，几秒钟的时间，如此短暂，又是如此漫长。光明是那么美好，出现在我眼前的是你。我走到窗户前，放眼望去，一个清晰的世界出现在我的面前。

24 岁，你决定卖掉家乡的房子，为我在成都买房。回到你们现在居住的老房子时，我的心很痛。如果不是因为我，你可以在宽敞明亮的屋顶花园上种花、养鸽子；如果不是因为我，你和妈妈不用住在狭小拥挤的老房子里。

这一年，我开始重新拿起笔写小说。我是家中的独子，但自从来到高原后，三年中回家的时间加起来不到一个月。你们想我的时候，就会给我打电话。但很多时候，我在偏远的不通信号的乡镇办案。这样的时间一长，你就很担心我，也很好奇我一天到晚在忙些啥。

26 岁，从警的第三年，我突然决定辞掉公职。我没有勇气亲口告诉你这个决定，便给你写了一封长信。我已经做好了挨骂甚至挨打的一切心理准备。可让我想不到的是，你在沉默片刻后，只是淡淡地说："不要有心理包袱，我支持你！"

突然想起小时候，每到下雨天，你骑车带着我，身上穿着雨衣，让我钻到雨衣后面。搂着你的腰，我还会不停地问："到哪儿啦？到哪儿啦？"我一直以为人是慢慢变老的，其实不是，人是一瞬间变老的。

你用一生教会我勇气，我却未曾说过爱你。十年前你背负对我的责任沉重前行，十年后我背负着对你的承诺走向明天。我一天天成长，你慢慢白了头发。我在你双鬓间找到时间划过的痕迹。回望你的脸，尽是岁月的刻痕，多希望时光能慢一点儿，别再让你老去了。

29岁，回到成都的第五年，历经种种挫折。现在，我过得很好。你现在最常念叨的，就是好好把你的孙子带大。

我用了29年的时光学会飞翔，却原来借走了你的翅膀。

▷ 讲故事的人

你的梦想是什么？

梦想的存在，是对于没有梦想者的挑战与冒犯，所以有梦想的人往往会遭到他人的质疑和反对。

我出生并成长在西南一座充满风情的小城。我生活的这座城市有许许多多摆龙门阵、看川剧的茶馆，童年最珍贵的记忆就是跟着爷爷去茶馆里听说书人讲故事。茶馆门前挂着个牌，上写今日主说什么书，第几回，由谁来主讲，茶客们一目了然。每到午后，去那里喝茶的客人坐得密密实实的，每人身前都摆放着一碟盖碗茶。

茶香四溢的茶馆里，坐进竹椅，五毛钱就能喝个够。茶客们或看书，或谈天，也有的打长牌，但更多的是听书。一方屏风、一张小桌便是说书人的舞台。

说书人一挂长衫端坐在最前面，"叭"的一声，手中的惊堂木拍一下，从《西游记》到《三国演义》，从《说唐》到《说岳》，说书人的龙门阵天南地北、海阔天空，总能博得茶客们一阵胜一阵的叫好声。在讲完当天的这段书之后，说书人总会按部就班地来上一句"欲知后事如何，请听下回分解"。

不知道从什么时候开始，我渐渐地迷上了说书人的故事。后来爷爷患了重病，卧床不起，他再不能带我去茶馆了。

但我并没有就此放弃。为了听书，我常常逃课去茶馆，并用省下的早饭钱要一碟茶，优哉游哉地听说书人讲书，我的整个灵魂似乎都陷入了说书人的故事里。晚上回到家中，我会把白天从说书人听来的故事绘声绘色地复述给爷爷听。

很快，我不再满足于复读机式地复述说书人的故事。我在复述的过程中不断地添油加醋，编造一些新的情节，有时候还改变了故事的开头或结局，甚至将几个故事合在一起来一个大串烧。我的父母、邻居也成了我的听众。

母亲在听完我的故事后，总会忧心忡忡地对我说："儿啊，你长大后难道要做一个说书先生？"

若干年后，我没有成为母亲口中的说书先生，却成了一个讲故事的人。从此以后，我的故事始终伴随着我的行走。因为，我的梦想在远方。

曾经有很多人问过我，川藏线上最难走的是哪段。其实，川藏线最难走的是还没有出发的那一段。我被恐惧和内疚反复纠缠。恐惧要么源于胆怯，要么源于担当与责任。

我出发了，独自背着行囊，318 国道承载着我所有的梦想。成都至川西高原，全程近 2000 千米，需要翻越 12 座海拔 4000 米以上的山峰。悬崖峭壁旁行走，一次疏忽大意，便可能跌入万丈深渊，无迹可寻；还得应付各种恶劣的天气，暴雨、暴雪、冻雨、浓雾、冰雹、逆风随处可见；你需要一路行走，一路默默祈祷，以求不被落石砸到、不被塌方掩埋……

时光飞逝。三年，我徒步走遍了川藏的山山水水，用心灵丈量了内陆通往高原的距离。三年，我克服了高原缺氧和极寒天气，为了便于与藏族同胞沟通，我学会了藏语。

常常有人问我，写作有什么秘籍？我是一个写小说的人。如果说这些年来对小说创作最大的体会，那就是我俨然已经成为一个讲故事的人。写作没有秘籍，也没有捷径。我的写作是以生活经历为基础的，文学最重要的东西，就是叙述过程中的美感，而美感来自于经历，脱离自身实际经历的写作是无法进行的。

很多读者在阅读我的作品时惊异于我那些探险求生的知识，以及诸如西藏、佛学、人文、历史的知识是从哪儿来。其实，这一切都源于在我这三年来在川藏的生活经历。

那些年，除了春节过年，我一直待在高原采风和创作。我喜欢西藏的一切，包括它的历史、文化、传说，以及那里的一草一木。

藏区是一个神秘的地方，每一个人都迫切想去了解的地方。在去川藏之前，我就阅读了大量关于藏地、关于康巴藏族的图书，可是当我翻越折多山，真正抵达川藏时，心灵还是为之一颤。在川藏行走，常常可以看到那些磕长头的信徒，他们一路走，一路朝拜。他们在用生命追寻他们的信仰，我也要用我的生命去书写我的故事。

我叫廖宇靖，我去过一百座不同的城市，我行走的足迹可以绕赤道两圈，我已逼近而立之年，我依然行走在路上，你呢？

有一天凌晨，我跟没睡的几个好友在群里聊天，不知怎么的就聊到了前任的话题。平时话很多的老金突然不说话了，等我们快聊完这个话题的时候，他突然私信我："陈静好吗？"

我犹豫了一下，还是决定告诉他："她下个月就结婚了。"

老金和陈静谈恋爱的时候，我们还刚上大二。

陈静是我朋友圈中最爷们的姑娘，除了身兼宿舍长、跆拳道部长、学生会副主席之外，还包了宿舍的电脑修理工、下水道通水工、爬窗换灯泡，等等。凡是有同学说"啊，这怎么弄"时，只要在她视线范围内，她都会跳出来吼一句："我来，我来！"

于是，陈静成了她们宿舍及众男人心中的大神。

但是，陈静有一个致命弱点，就是老金。

陈静追老金的过程在当年闹得沸沸扬扬，一点儿都不比马冬梅逊色。

原本老金是八竿子打不着的艺术系，陈静是隔了十万八千里的法律系，连公共课都没有交集。陈静虽然经常对着男生花痴，但我们总觉得她只是喜欢嚷嚷，真要谈恋爱还是不可能，因为实话说，我们都觉得她压根不需要什么男朋友，得找个女朋友才对。

而且，我们也无法想象陈静变成小女人会是什么样子。

但据陈静说，她很早就对老金动了心。

老金其实并不老，只是长了一把心酸脸，还是个标准的文艺青年，弹了一手的好吉他。

陈静第一次的春心荡漾就是因为老金唱的一首《那些花儿》。

那天是校庆，老金参加了演出。正当陈静在台下昏昏欲睡的时候，台上突然响起："他们都老了吧？他们在哪里呀？我们就这样各自奔天涯。啦……想她，啦……她还在开吗？"

我靠！陈静默念了句，心里却开始荡漾起来。

陈静不知道的是，老金的那首歌是唱给他青梅竹马的"女神"听的。

这件事之后，陈静哼哼了好几天《那些花儿》，扬言要追"吉他男"，我们谁也没把她当回事。以她的性格，每个星期换着"唱歌男""舞蹈男""跆拳道男"都不足为奇。没想到，不久之后，陈静再次碰见了老金，还是因为老金的"女神"。

那天在图书馆，陈静在一楼的自动咖啡机买咖啡时，发现门口有两个人在争吵。陈静这种大八卦性格怎么可能放过这种情节，于是走过去一探究竟。原来老金天天尾随"女神"一起去图书馆，这天不知道是"女神"烦这个"备胎金"了，还是"备胎金"干了什么惹"女神"不高兴的事。"女神"义正词严地宣布："你喜欢我没用，你配不上我。"还抽了老金一嘴巴，陈静满身的正气立刻出现了，上去两脚把"女神"踹翻在地。老金吓了一大跳，狠推了陈静一把："你是谁啊！"立马扶着"女神"去了医务室，剩陈静一人看着他们两个人的背影无限心酸。

那是陈静第二次碰到老金，但那之后，俩人并没有顺理成章相识相交，那时老金还不知道陈静叫陈静。

不过，陈静从此便走上了搞定老金的路。

她先是找到学生会的同学，打听到艺术系的同学，再通过同学的同学的同学，一路问到认识老金的人。然后，她并没有直接要老金的联系方式，而是加入了吉他社。只要她有时间，就去吉他社练习。最开始她只是默默跟着社员一起练习，可她这个跆拳道粗人怎么玩得了吉他这种乐器？于是她就非常不要脸的天天缠着老金教她。

在日复一日的私教之路上，社员们终于意识到了陈静的目的，开始起哄。而老金对起哄只是一笑置之，除了练习之外都没和陈静说过几句话。

后来，陈静做了件让整个学院惊天动地的事儿。

谁也不知道陈静是怎么贿赂老师的，就像电影里夏洛广播告白"女神"一样，只不过这次告白的主角换成了陈静。

那天学校大礼堂举办演讲比赛。比赛开始的时候，老师站在讲台上对大家说，我们先请一位同学上来做个演讲。

陈静就这么在众目睽睽下走上了讲台，拿着满满三页演讲稿，开始了她面对几百号人的盛大公共告白：

"今天，是我 18 周岁的生日。

"我是法律系 × × 级 × × 班的学生，我叫陈静。

"今天，我站在这里，是为了一个男生。

"从我第一次见到他，我想我就开始喜欢他了。

……

"最后，谢谢老师给我这次机会，谢谢同学们听我的告白。谢谢每一个人。"

演讲完毕，全场爆发出震天动地的掌声，陈静走到最后一排坐下，心里激动万分。

没过多久，从前排传来纸条，陈静打开来一看，上面写着："那么，我们就在一起吧。金 × （笑脸）"

从此，陈静开始了个人史上最长的一场恋爱。

对了，在那次演讲中，陈静并没有提及老金的名字。

她说，道德绑架是很可耻的。

陈静和老金的恋爱在全校瞩目的情况下，谈得顺风顺水。或许是陈静从没在我们面前表露过不开心的一面，总之，在我们的印象中，他俩是天造地设的一对。陈静开朗大方，老金稳重内敛，似乎两人从不吵架，彼此有独立的空间，每周定期见面约会，一切都十分平和。

　　老金第一次提分手，是"女神"考研失败的时候。

　　老金毕业后考上了上海音乐学院的研究生，但是"女神"落榜了想回南方老家。"女神"家里人希望他能和"女神"一起回去。老金在没有片刻犹豫的情况下同意跟"女神"回去，同时也跟陈静提了分手。老金走的那天，是我和陈静去机场送行的。

　　老金进安检之前，和我们拥抱告别。陈静递给他一封信，然后头也不回地走了。

　　我问她："你打算怎么办？"

　　陈静看着我说："我打算去南方发展。"

　　我又问："你信里写了啥？"

　　陈静说："就两字，等我。"

　　毕业后，陈静南下了，在一家小私企一边上班一边当家教。

　　我不知道，这一年来孤身一人的日日夜夜，她是怎么熬过来的。那时我忙于自己混乱不堪的生活，很少再去联系她。唯一的好消息是，老金和"女神"分手了。她过生日时，我们几个好朋友一起去广州看她，每个人小心翼翼地不去提老金，陈静也心照不宣没有主动说起。但我们都知道，当初这个南下的决定，她得有多大的勇气。

我们从广州回来之后，陈静很快便向我们宣告，她和老金又在一起了。

意料之中的事，我们送上了种种叮嘱和祝福，并以此互相勉励——努力一定会有回报。

老金第二次提分手，是"女神"出国前夕。

那时候我们才知道，"女神"原来是个富二代，家境殷实。"女神"家里打算送女儿出国留学，要老金陪"女神"一起出国，并给了老金一个非常优渥的条件：老金出国的全部费用由"女神"家里承担，并承诺老金学成归国后安排一个好工作给他，只要老金好好照顾"女神"。

陈静将这一切看在眼里，她家是外地小县城的，父母是再普通不过的工薪阶层，她根本没办法出国追随老金，也没办法给老金许诺一个美好的未来，她很怕老金瞧不起自己。

老金没有瞧不起她，但老金完完全全听从了"女神"家里的安排。

陈静没有再主动联系过老金，老金出国后，陈静回到了家乡，家里安排了相亲，对方是在银行上班的老实人。

老金每次回国都会联系她，每次见面她都去，每条信息她都回。

她跟我们说，这么多年，老金是舍不得她的，但是，很多事情他真的身不由己。

或许因为我只是个局外人，对金钱的欲望也很低。我很难理解，在现实生活中，究竟是什么样的身不由己才会让人连爱情都不能自由选择？我可以理解老金的决定，但我很难替他解释，是他爱得本就不够才会选择利益？退一万步讲，他从来没爱过陈静，只是同当初他做"女神"的"备胎"一样，把陈静也当作了"备胎"？

欣慰的是，陈静过得很好。

回到家乡后，陈静找了一份幼师的工作，男朋友对她也很好，百依百顺，花 20 万元在老家买了套房准备结婚，还在房本上写了陈静的名字。

收到她的结婚消息时，我们还是挺吃惊的。

她晒了一枚碎钻的结婚戒指，钻石闪闪发光，老家小店里定做的。

她说："下个月 11 日，我结婚。"

我们纷纷用史上最"恶毒"的语言攻击她，并满怀善意真诚地祝福她。

我们每个人都在感慨，她说，幸福的路，很漫长啊。

那天我陪老金聊了很久，他一直在回忆和陈静在一起的细节，说着陈静对他多么好。老金后来也没有和"女神"在一起，还是很俗的剧情，"女神"嫁给了富二代。我始终记得他对我说的最后一段话：

"我一直这么认为，对于爱情来说，最后没能走在一起的，可能都不是最适合你的。我们总在不懂爱的年代，遇见最美好的爱情。直到这个时候我才彻底明白，我亲手弄丢了这辈子最爱我的姑娘。只有时间不会撒谎，这善变的世界，难得有了陈静。"

可我没告诉老金的是，电影《夏洛特烦恼》上映的时候，陈静和当时的男朋友找我，我们一起去看的这部电影。

放映结束后，陈静和我说："老金好像夏洛。"

"你还爱他吗？"

"爱，但我不想再当马冬梅了。"

你是否想过，如果给你一次重新来过的机会你会如何选择？你是否还愿意选择和他在一起？是否能够弥补许多当初的缺憾，完成曾经的梦想，把握住那个错过的人？生活其实是一个不断选择的过程，当你选择了一条路，必然得放弃另外一条。人生哪能没有遗憾，不圆满才是生活的真谛。

只是时光真的无法重来。千帆过尽，还好，还好有你在身边。

▷ 他们看起来是在关心你，
其实他们关心的只是自己

　　一个久久不联系的朋友，通过微信给我发了一条消息："你最近还好吗？我挺想念你的。"自高中毕业之后，我们就没有联系，算来都近十年了吧。出于礼貌，我还是回了一句："谢谢，我很好。"

　　这句话听上去十分客套，但他却如被打开了话匣子一般，滔滔不绝地说起了他的事情：做生意失败了，和家里吵架了，想要炒股却没有钱，等等。他滔滔不绝地说了两个小时，我连插嘴的机会都没有。

　　话说我对他的生活并不了解，他吐的那些苦水我也不知道怎么安慰。他表面关心我生活得好不好，实际他在意的，是他对现在的生活不满意。他做出了一副想要倾听的模样，却更想我做那个真正的倾听者。

　　我把人和事说成这样，自己都觉得刻薄。不可否认，我们的身边还常常有那样一群人，将他们自以为是的关心施加到我们的身上，让我们觉得不舒服，可不搭理他们又觉得自己不够礼貌。

自由职业那会儿，每天去楼下买早点，总有些路过的阿姨问我，在哪里上班，有没有成家，等等。起初我会笑着回答，可一旦我回答了他们，便是喋喋不休的各种养儿育女的家庭经。

其实当时的反感不能定义为厌恶，更为准确的是无语。我无语的是你都不认识我，我生活得好不好和你并无太大的关系。你们嘘寒问暖之后，说得更多是我无法理解的仅与你有关的事情……

那么为什么要对我说？

记得某一期的《奇葩说》中，睿智的蔡康永老师说，真正催婚让你觉得无所适从的，并不是来自父母，而是来自那些所谓的七大姑八大姨的"关心"，他们一面询问你月收入多少，什么时候成亲，一面又炫耀一般地说着她女儿或者儿子的各种风光。

所以那些所谓的关心，只是停留在"看起来像"的层次。或许我们中的许多人也和他们一样，当我们在关心别人的时候，更想得到的是别人对我们的关心。我们期望在付出一份关心之后，还能再收获一份关心。

却不曾想到，这样带着目的性的关心，对别人或许已经成为一种伤害，也让关心变了味道。

那些看起来关心你的人，关心的还是他们自己。那么你自己，为什么不真正关心自己的生活？

关心身边粮食和蔬菜的价格，关心自己和亲人的身体状况，关心每天呼吸的空气，关心你周围的环境……

这样才能让你的生活变得越来越精致，越来越细腻。别人关心的都是别人的生活，唯有自己的关心的，是自己要过的日子。

活在别人的关心中，变成别人想象中的那样，太累。关心自己，活出自己想要的模样，才对。

▷ 恋爱时我们都是段子手，
失恋时我们都是矫情狗

我时常在想，自己到底会在什么时候变了模样，变得连自己都不曾认识。

最好的朋友告诉我，恋爱会让人变了模样，在恋爱的时候，会觉得这世上的一切都是无比美好。

小君是最近才坠入爱河的，那个从来不更新微博的她，突然间变得活跃起来，换了情侣头像，用了情侣空间，每一条更新都洋溢着幸福的味道。

"今天是情人节，他送了我世上最美的花，任意花和随便花。"

"他最近在外地，我们都见不到面，每天睡觉把我的 Pad 放在枕边，就好像他陪着我入睡。"

"双十一某人主动清空了我的购物车，可是我的车里就是给他买的牛仔裤，还有孝敬他爸妈的按摩仪。"

......

每次的更新都不会太长，但是满满的幸福滋味，隔着屏幕我都能闻得到。

恋爱的女人，是不是都是这样，会变得快乐幽默，想想以前那个有些木讷、不会表达的小君，我觉得有点儿陌生了。我会无比虔诚地祝福，祝福她找到了自己的另一半，也会调侃让她照顾一下"单身狗"，不要秀恩爱。

可是过了一段时间，我发现她似乎分手了，每天更新的微博不再充满甜甜蜜蜜，取而代之的是满满的怨妇腔调。

"我为他改变了那么多，学十字绣，学做菜，都变得不是我了，可是为什么还是分开了？"

"都说距离会产生美，可是分别久了，就再也聚不拢了。"

"什么下雪天啤酒和炸鸡更配，分明就是下雪了，最适合分手了。"

每次浏览到她这样的更新，心里面有些不舒服。

"等见到小君之后，一定要好好安慰她。大吃大喝逛逛街，心情总会好的。"我这样对自己说。

我就在心中想着，小君现在会是什么模样，是不是很憔悴，没有精神？

可是和小君偶遇时，她仍旧光鲜靓丽，就算没有了爱情的滋润，仍旧是个阳光精致的女孩。她穿着好看的大衣，提着新买的手提包，手上拿着刚刚买的糖葫芦，见到我，张开双臂，给我一个大大的拥抱。

我在她的脸上可看不到一点儿半点儿失恋的痕迹。可就在一个小时前，她的说说，还是那般哀怨极了。

我向她说出心中的疑惑，她反倒问我："为什么要为了那个男人，把自己折磨得人不像人，鬼不像鬼，这多不值得。"

可我指了指最近的几条更新，明摆着是副为伊消得人憔悴、人比黄花瘦的模样。

她笑了笑，在冬日暖阳的照射下，很是不屑地开口："我呀，不过就说说，骗骗你们点点赞。这人呀，虽然说是成双成对的好，但是离了谁，还不是得一样过。"

她这话有道理，我们到底为了自己而活，小君为了一段已经逝去的感情在微博里要死要活，其实就是装装样子。

▷ 自己选的，绝不找借口

网络红人刘教授曾经在《中国达人秀》的舞台上说，人为了自己的梦想而努力，本就是应该的，是不值得炫耀的。摆在我们面前的道路千千万万，一旦选定之后，哪怕就是跪着，也得把那条路走完。

我们这一生因为各种各样的原因，不得不做出各种各样选择。我们被选择要上一所重点中学，我们被选择要读热门专业，我们被选择要一份稳定的工作，我们被选择不能选择的事情实在太多，而真正可以去选择的，往往屈指可数。

所以，当我们可以自主做出一个选择的时候，这本身就是一件很不容易的事情，是极其幸运的一件事情，意味着主动权掌握在你的手中。

我曾经询问过一个流浪歌手，他在城市的街头一面流浪一面歌唱，每天到手的也就百来块钱，除掉衣食住行和音响装备的花费，一个月下来余不了多少，还不如有份稳定的工作。

我问他想不想家，他说想。我问他要不要回去，他说不要。我劝他说流浪歌手太苦，日晒雨淋的，打趣说其实一般民众犹如我们，不大懂音乐，也不大舍得为音乐花钱，还可能被城管追着，回家不比流浪强？

他拖着自己的行李箱，一面收拾一面回答："我回不去了，我一旦走出来就回不去了，你倒是给我找了个台阶，可我回去之后就是个笑话。我雄心壮志地出来，总不能灰头土脸地回去吧。"

然后他笑着，从我的面前消失。可是他的话，却让我想了许多。

我选择了写作这条路，老实说就算出了书，也很难混出个名头，可我偏偏就不想放弃。其实要找到一个龟缩不前的借口非常容易，但是这个借口，并无丝毫裨益。

我们找借口的时候，是在逃避问题，而不是在解决问题。

我借口每天写作太辛苦，就是给自己的懒惰找理由；我借口一时堵塞没了灵感，就是拒绝了新的灵感入住；我借口不顺心的事情太多，就是错过了真正应该去做的事情。我借口越多，便活得越发庸碌。

而再多的借口，都只会让我的生活变得更糟，不会有丝毫好转。

在尚且可以选择的时候给自己找借口，借口越积累越多，到了后面就失去了选择的机会，只能被选择。一如你借口天气不好、心情不好，不愿意锻炼，日积月累身体自然垮掉，只能别无选择地住进医院，打针吃药。

有句古话，春困秋乏夏打盹，睡不醒的冬三月。要找借口，这一年四季都齐全了，那何时才该做那些应该做的事情呢？

自己的选择，做了，就不要找借口。借口是会上瘾的毒药，只要开了头，就停息不下来，你总不愿意一生都庸碌吧。

▷ 从来就没有什么再也不会爱

1

竹子昨日大婚，我从成都匆匆赶来，一见到她就给她一个大大的拥抱，紧接着"攻击"她："你终于嫁出去了。"她白我一眼："那还不是因为我没放弃。"

我听到后鼻子一酸，眼泪都差点儿掉下来了。我太懂这些年，她过得有多辛苦。

竹子是我爸同事的女儿，我们一起长大，在人生最艰难的这几年，幸好有她的陪伴，才让我能一直踏实洒脱地活着还没跑偏。竹子比我大五岁，从小我就爱跟在她后面，像个跟屁虫一样，"姐姐""姐姐"地叫。竹子长得挺好看，学习也特别好，年年考第一，家里奖状贴满了墙。亲戚邻居都羡慕死竹子爸妈，纷纷教育自家宝贝向竹子看齐，俨然一个"别人家的孩子"。

可谁也没想到的是，这个"别人家的孩子"长大后竟成为传说中的"黄金圣斗士"。

从竹子 25 岁开始，她妈就致力于给她安排各种相亲，上到政府官员，下到普通上班族，职业则经商的、当兵的、写字的、教书的全都有，籍贯也遍布大江南北，竹子无一例外全都拒绝了。旁人和她妈都以为竹子一心扑在工作上，没时间谈恋爱，眼光也高，根本看不上。只有我清楚，竹子根本不是什么女强人，新人进不来，不过是因为旧人还未走。

<h1 align="center">2</h1>

　　竹子的那位"旧人"是她的初恋男友，两个人从高一开始早恋。据说男生表白的时候特别浪漫，他给竹子递了张纸条，上面写着：放学后小卖部见。竹子放学后去赴约，买了个棒棒糖边吃边等，男生来了之后，俯下身把竹子口中的棒棒糖吻到自己嘴里，一脸深情地对竹子说，"糖我都吃了，做我女朋友吧。"

　　这么会谈恋爱的招数，竹子自然沦陷了。

　　这段恋情一谈就是 6 年，期间经历了竹子高考落榜，男生父亲公司被查，男生大病入院等各种狗血情节。原以为能苦尽甘来，赶着潮流做一把"毕婚族"，竹子这时候却被分手了。

　　男生全家移民去了加拿大，临走前对竹子说："门当户对，才有未来。"

3

我没有想到，这句看似很平常的话，会给竹子带来几乎毁灭性的伤害。

那时候，竹子刚刚拿到一家大型国企的实习名额，试用期薪资1500元，她没怎么犹豫，坚决辞去了这份"铁饭碗"工作。

竹子妈找了不少亲友，赔了很多笑脸，才给竹子争取到这次机会，竹子一句"我有自己的想法"就让她妈的心血全部化为泡影。

竹子和她妈大闹了一场，离家出走跑出来找我。

我问她："你到底想干什么？"

竹子点了一支烟，皱皱眉，吐出一个好看的烟圈。

"我找到了一份保险销售的工作。"

"你什么时候学会抽烟的？"

"从他离开后。"

4

打那以后，竹子就一心扑在了自己的事业上。

以前听人说"情场失意,职场得意"，竹子还真是验证了这句话。

她在这家保险公司一干就是八年，谈单加班，风雨无阻。终于在第四年的时候，从最底层的小业务员一路升到了营销副总。

我算是个吃过苦的男人，早些年也曾试过"漂泊无依，四海为家"。可跟竹子相比，我那会真真只能算是体会"现世安稳，岁月静好"。

5

竹子工作起来完全就是"拼命三娘"的铁血风范。

她曾经骨折了挂着拐去签单，大厦保安怕影响不好，不让她坐电梯上楼，竹子就挂着拐杖走楼梯上了 17 层。

有一回，她碰上了一个难缠的客户，那人和朋友打架伤了眼，狮子大开口，向竹子公司索赔 10 万元医药费，但是他的伤情并不在合同中意外伤害的赔偿范围。竹子请客户吃饭，表达了歉意，并委婉地表示公司很难答应他的条件。那人大怒，指着竹子破口大骂，还威胁她：今天如果拿不出钱来，就让竹子和他一个下场。竹子看着他，闷了一杯二锅头，拿起桌子上三个酒瓶子，一气儿往自己脑袋上砸。那人吓坏了，一下从椅子上站起来："小姑娘，有话好好说，你别动手。"竹子没顾上自己满脸的血，扔给那人 2000 元，说："这是您的医药费，不用您费心了，我自个儿动手了。"

6

还有那年，竹子竞争副总职位的时候，累到胃炎发作。我陪她在医院吊水，中途她接了个电话，告诉我有应酬，拔了输液管便走。

我不放心她，跟着她一起去了饭局。前一秒还在医院疼得直冒汗的竹子，此刻和老总们谈笑风生，一点儿没有生病中的倦容，敬酒挡酒、一来二去的，好不热闹。

饭局末了，竹子去卫生间吐了个昏天黑地，我给她拍背，她趴在我肩上小声地哭。

"竹子，你那么拼命，是想向他证明什么吗？"

"我是想向自己证明，我可以配得上他。"

7

初恋留给她的后遗症，直到竹子老公出现后才渐渐消退。

他们两人是在一场婚礼中相识的，竹子老公对她一见钟情。

他是业界很有名的摄影师，那天本来应专注地拍一对新人，竹子就这么突兀地闯入他的镜头。竹子老公在镜头当中看呆了，以至于后来的视频剪辑中，竹子出现的次数比新娘还多。

竹子老公对她展开了强烈的攻势，每天接送竹子上下班，两天一送花，三天一送礼物，生病、应酬他都陪在竹子身边。

　　竹子不是不感动，她虽然表面一副女强人模样，实际每次醉酒后回到家，半夜都会哭醒。大概外表越是强大的人，内心越渴望能有人保护。但是竹子还是拒绝了，我知道，她是怕再次受伤。

　　竹子给他发了一封长长的 E-mail，说他真的特别好，自己不值得他喜欢，让他找个更好的姑娘，好好爱一场。

　　他只给竹子回了一句话："我会治好你的情伤。"

　　竹子老公真的说到做到，以朋友的身份照顾竹子一年零三个月。

8

　　我说："竹子，你为什么答应他的表白啊？"

　　竹子说："因为他懂我，他知道我为什么生气，看得出我的欲言又止，懂得我每一次拥抱背后的含义。"

　　竹子公开恋情的时候，是以情书的形式，那里面有竹子老公写给她的这么一段话："不管你选霓虹灯还是星辰，不管你选咖啡馆还是森林，不管你选玻璃珠还是钻石，我选你。"

　　所以，你看，老天从来不会亏待谁，你曾经受过的创伤，总归有一天，会有另一个人捧着一颗真心跟你说余生多指教。你要做的就是好好等他，千万别放弃。

9

竹子发来消息，一张老公早起为她准备早餐的照片。

"竹子，你还抽烟吗？"

"我早戒了，当初我就是为了工作，抽烟喝酒能和客户拉近关系。"

"那你现在都戒了，还怎么谈单呀？"

"不用啦，他给的安全感，让我不用再拼命工作也可以。"

真好啊，竹子，你终于幸福了。

人活着就该这样。不能因为暂时没有邂逅爱情，就断言爱情尽是虚妄；不能因为自己一贫如洗，就认定理想不必追寻。生命里最艰难的那段时光，咬咬牙，就挺过来了。你努力，就会无法被替代，无论是工作，还是爱人。

▷ 放不下攀比，你就永远不会幸福

一、为什么优秀的人格外矫情？

强子是我最好的哥们之一，也是我童年最大的噩梦。强子比我大两岁，从小学到高中，我们一直在同一所学校，他大我两届。

之所以称他是噩梦，因为他就是永远活在别人口中的不折不扣的"别人家的孩子"。他五官俊朗，从小学三年级开始收情书，到现在收过的情书加起来能分分钟压死我；他成绩优秀，不管哪门课的老师看到他都眼睛放光；他运动也很棒，从小学到大学，一直是学校篮球队主力，每次有他的比赛，场下必定有不少留着哈喇子的妹子。

在他的巨大光环下，任何人站在旁边都会成为一个不起眼的阴影，包括我。不过还好我内心强大，也觉得有个实力比我强的，能让我学习的哥们也算是件好事。

强子家和我家有些交情，所以强子的人生就成了我人生的参考。强子比赛拿了什么奖，考试得了多少分，我妈比我还早知道。所以也就不难理解，为什么我要和强子做这么多年的校友了。

在我高考那年，我终于迎来了人生中的第一次选择。那时候，强子已经在全国 TOP1 的师范类大学读了两年的数学。而我，对做人类灵魂的工程师一点儿兴趣都没有，就去了省城读新闻学。

上了大学以后，因为在不同城市，我们联系的次数就逐渐减少了。再后来，我从我妈口中得知他回家乡当了一名数学老师。

今年是我毕业的第 6 年。这次过年回家，大年初一我就把强子约出来喝酒了。

"在家的日子舒坦吧？"在酒馆里，我拿着酒杯看着微微发福的他。

"舒坦个屁！"他一下爆了粗口，"这里只能让人一点点消磨斗志。"

话锋一转，他说道："你知道吗？其实我一直都很羡慕你。从小到大，我的人生没有一步是我自己选择的。我爸妈想让我上重点高中，于是我拼命学上了重点高中。我爸妈想让我做老师，所以我去了一所师范学校。而这一切的根源在于我那优秀的表哥，我所有的人生轨迹都是沿着他的人生轨迹在走。"

"哟，没想到在你的人生中，也有'别人家的孩子'的存在啊。"我顺势调侃了一句。

"你还笑，你都不知道我有多痛苦。就连我的工作都和表哥一样，最可气的是，他刚刚当上了系主任，前几天家里还特意给他办了庆功酒。有他的存在，我爸妈永远不会觉得我优秀。"

那次喝酒成了强子一个人的倒苦水大会。

用心去观察，其实你会发现，身边的强子还真不少。

学生时代，每次考完试大呼"这次考砸了"的一定是那些平时表现不错的"学霸"们。热衷于整容、打扮的一定是原本长得就不错的女生。觉得自己赚得少的，往往收入都不错。

我们在得到一些东西的时候，总是想要得到更多。

二、为什么我们总爱活在比较之中？

难道这些优秀的人天生就比别人矫情吗？

其实不是，我们所有人都会受到行为经济学的影响，从而得到与实际情况相偏离的判断。

有一个有趣的事例，是从一本书上看来的。作者说自己的女同事是一个锱铢必较的人，特别爱占便宜。有一次，女同事在办公室诉说自己遇到的倒霉事。其实是这么回事儿，女同事的老公有每个礼拜买几注彩票的习惯，然后那天照例下注，女同事也在旁边，两个人商量要买什么号码，结果两个人因为一个数字意见不统一就打起来了。最后还是女同事的老公让了一步，让女同事确定了最后的号码。等彩票公布结果的时候，两人傻眼了。特等奖的号码就是他老公想买的那串号码，因为改了一个数字，最后女同事一家的奖金由 500 万元变成了 2 万元。虽说中奖是好事，可女同事一点儿也开心不起来。

谁料天有不测风云，得奖后几天，女同事的老公出差，路上遇到了车祸。你猜女同事的反应怎么样？她高兴得不得了。因为这次车祸，她老公虽然受了伤，但和其他同行的人比起来，他所受的伤是最轻的。于是女同事买了喜糖，高高兴兴分给大家。

我对于女同事的行为有些哭笑不得，中奖这样的好事，女同事却满腹委屈丝毫不见兴奋，而遇到车祸这样的天灾，女同事却反而感到很开心。其实，这一切都是我们的攀比心理在作祟。

曾经有人对一些重大比赛的获奖者进行幸福度调查。最后发现一个有趣的结果：一场比赛过后，对结果最满意的不是冠军，而是季军，而对结果最不满意的往往是亚军。这是为什么呢？因为比赛结果出来以后，季军心里想的是："我差一点儿就失去了奖牌，我真是太幸运了！"而亚军想的是："天哪，我如果再努力一些，我就是冠军了，好遗憾！"因为比较的对象不一样，会让自己的心情有云泥之别。

事实上，我们所有人都活在一个需要时时刻刻与他人比较的现实社会中，无处可逃，而且比较的对象往往是和我们比较亲近的人。

上周有个朋友跟我抱怨，觉得自己收入太少。我很奇怪，因为他以前是一个比较容易满足的人，因为收入问题对工作产生不满，实在让人大跌眼镜。后来才知道，是因为公司招了一个应届毕业生到他的部门，他无意中知道那个新同事的薪资居然和他这个已经在公司效力了三年之久的老员工一样。得到那个消息之后，他便对这份工作开始有了新的审视。

我身边还有朋友，因为同样一所学校不同专业的毕业生工作起薪不同而感到愤愤不平。其实我们都知道，每种工作的社会分工不同，对社会实现的价值也不一样，自然得到的劳动收入也不一样。但人在做决定的时候，往往容易受身边人和事物的影响，而做出非理性的判断。

这样也就不难理解，为什么北大中文系毕业的高才生要去卖猪肉了。当然不是因为找不到工作。中文系的学生难找工作是事实，但一个北大毕业的文科高才生找一份养家糊口的工作还是轻而易举的。难道这样的人才不是报社、杂志社等争着抢着要的吗？既然不是因为工作难找，那我们只能推测，北大高才生去卖猪肉，是因为文学相关的工作收入较低，而卖猪肉虽然看起来不体面，但后期一旦加大规模，得到的收入就会变得很可观。

虽然我对北大高才生卖猪肉这事觉得有些可惜，但我也无法从个人的角度去评判事情对错，毕竟他能从中获得成就感，也不算一件坏事。

也有人如此调侃，一个人对工作的满意度取决于他妹夫的薪水高低。

三、放不下攀比，你就永远不会幸福

人是一种群居动物，离开群体我们会感到很孤独。但在一个群体里面，比较又会让我们时常失去理智。所以，如何做到平衡是一门很深的学问。

前几年有一则新闻，讲的是一个小县城出来的高考状元，顶着县城十年一遇的光环去了清华大学。在清华的学习中发现，原来自己一直是坐井观天的癫蛤蟆，到了地面才知道这世界有多广阔。原来所谓的县城骄傲，到了清华一对比，成了中下水平，优等生光环不再，县城状元刹那间觉得压力山大。最后，不堪重压的状元以自杀的方式永久告别了压力。

其实，从理性的角度去思考，这位县城状元突破千军万马，通过努力进入了最高学府，本身就是对自身实力的肯定。而所谓的压力山大，不过是因为他把自己的参照对象设定过高。我在一个小县城里考了状元，到了一个更高的平台，遇到了实力更强劲的对手，名次下滑是很正常的事情。遇到了不同的环境，应该根据实际情况做出新的评判标准，而不是一味根据自己的经验。当然，求上进是一件好事儿，但是如果一味求成，而不考虑自身的实际情况，只能获得更大的痛苦。

我们都知道了攀比给我们生活带来的"恶果"，那么如何去避免县城状元这样的极端情况呢？其实，只要从心理上做出适度的调整，给自己设定合理的目标就可以了。比如说，强子的表哥当上了系主任，收入也比强子高一些，那么就可以证明他表哥的实力比强子高很多么？未必，只不过他表哥在学校服务的时间长，做出的贡献更多而已。强子可以设置目标，在几年内通过合理规划实现薪资和岗位的升级不是不可能的事情。

偶尔，我们也可以阿Q一下，跳出那个让我们感到不舒服的圈子，到一个更能发挥出我们价值的地方，所谓"宁为鸡头，不为凤尾"嘛。很多小城市的居民生活满意度远远高于北上广深的平均满意度，因为小城市的贫富差距不那么明显，小城市的居民生活自然也更加安逸。

总之，不要让攀比毁了你的幸福。你是否优秀，这由你自己决定，不关别人的事。

▷ 工作才是学习的起点

因为兴趣所在，毕业后我学了很多营销、设计、创意等知识，周末也会抽些时间参加一些线下沙龙或者短期培训课程。

正因如此，当遇到哥们打电话叫我出去喝酒的时候，我只能略带遗憾回一句："老子学习呢。"

"你装什么装！都毕业那么久了，还学什么习。"哥们通常一句话就给我呛回来。

没错，在大多数人的眼里，从学校毕了业，就不用学习了。就如大多数人都笃信，只要上了一所不错的大学就一定能找到不错的工作一样。

还记得高考前的那几个月，所有考生心里的弦都绷得很紧。所有人表面说着不紧张，考不上也无所谓，大不了还能复读呢。但谁都知道，那些都是安慰自己的话，举手投足间满是紧张，连自己都骗不了。

这时候，我们伟大的妈妈们和老师们为了安抚情绪，通常会这样说："考上大学就好了。"在大学里，你再也不用熬夜写作业，再也不用担心排名的问题。大学没有这么大的考试压力，不挂科就能顺利毕业。

当我进了大学之后，发现大学里的学习全靠自觉。很多人受到了身边人的影响，确实是抱着"不挂科就能顺利毕业"的心态去学习的。于是大学里很多课的出勤率越来越低，上课时睡觉、聊天、玩手机的人越来越多，考试前盼着老师划重点的心情越来越急迫。

曾有一次辅导员给我们开会，说："其实大学老师教你的，不只是书本上的知识。那些书本之外的东西，能真正沉淀下来并让你受益终身，才是教育的终极目的。"

到了大三找工作的时候，我更加理解这句话。大学三年坚持认真学习的"学霸"们要么非常容易地拿到了就业合同，要么顺利拿到了硕士录取通知书。像我这样既没有耀人的简历，也没有一个殷实家庭的学渣们，就开始焦头烂额起来了。

那段时间我才领悟到，学习是一场长跑，只要你想赢，任何时候都不应该停下来。而每一次选择，都应该是自己为它买单。

"你说我们学这些课有用吗？以后工作又用不到。"大学的时候，我常对同学说这句话。

同学说："知识什么时候都可以用得到，我们要培养的是学习的能力和创新的思维方式。"

这句话深深地印在我的脑海里，在参加工作以后，我愈发觉得自己所学太有限，必须时刻多看书、多查资料，才能把落下的"课程"补回来。

有人会说："我在学校的时候一直是'学霸'，专业知识很扎实。这种情况下，我还有必要在工作中继续学习吗？"

这个提问只是我的假设，事实上，我在工作中遇到的所有"学霸"都要比我们这些学渣好学多了，他们不仅有天赋，学东西很快，而且还很专注，肯下功夫。更难得的是，他们对这世界充满了好奇心，无时无刻不对这世界充满探索的精神。所以，你不逼着他们学，他们自己也会去学。要不怎么说"优秀是一种习惯"呢？

为什么说工作才是学习真正的起点？因为我们在学校所受到的教育，大部分都停留在知识的记忆、理解阶段，还远到不了应用、拓展的阶段。概念人人都懂，到工作中实际应用的时候就傻了眼。就单单说我们从小学到大的数学好了，如果你想自己创业开一家网店，你知道前期如何建立数学模型来计算投入产出比吗？

很多人拿中式快餐和西式快餐做对比，讨论为什么中国出不了一个麦当劳。因为中餐要做到标准化太难了，我们很多时候都是依据经验来做事，一个厨师的手艺好，但他未必能带出和他水平相当的徒弟。很多中餐连锁店，换一家店味道就不一样，原因也在于此。

我们太依赖于经验主义，依赖于感性的判断，但做大事是要求理性的。

这就得要求我们在工作中需要不断补课了，学习在感性的经验主义和理性的商业逻辑中找到平衡点。

那些追寻稳定生活的人呢？他们也有必要辛苦学习吗？难道就不能胸无大志，在一个岗位上安心待到退休吗？

相信我，绝对没有一个岗位稳定到可以让你这辈子都不用担心失业。曾经，国企工人是最吃香的职业，现在很多年轻人宁愿自己创业，也不愿去国企。曾经，外企意味着高收入、高福利，诺基亚大裁员的时候，很多人还沉浸在稳定的幻想之中。

让我们感到恐怖的是，科技的日益发达已经让很多职业渐渐消失了。我妈的一个朋友，年轻时做的是电梯管理员，工作时间主要做的事情就是按电梯，现在你还能看到这样的职业吗？

这世上没有一份绝对稳定的工作，但可以有稳定增长的能力。一把好剑，长期不用，久了也会被腐蚀。只有经常用，每天用，时时磨砺它，才能让它时刻发挥出最美的光芒。

工作中到底学什么？

如果说工作才是学习真正的起点，那我们到底要学些什么？

1.纵向学习：判断你的职业发展与晋升之路上需要的知识

假设你在一家互联网公司做运营，不妨去想想运营主管、运营总监、COO 每天都在操心什么。然后想想自己对于哪块知识是比较欠缺的，狠狠补课。

比如你负责的工作只涵盖用户运营，而运营主管需要对用户运营、活动运营、新媒体运营等板块都了如指掌。这个时候你就可以补补活动运营和新媒体运营的课了，不要以为那些工作和你无关，如果你可以做得比现在的同事甚至主管更好，领导会眼睁睁错过一个人才吗？而运营总监不仅要对这些板块十分专业，他还必须要为公司节约成本，比如思考如何在投入最少的情况下使活动获得更多的效果。他还必须是一个职场心理学专家，这样才可以在处理人际关系方面游刃有余。

也许那些大公司会有完善的培训课程，但大部分的公司都是希望你能自学，因为花时间带新人是一件很费时间和精力的事情。所以大部分的东西只能靠你自己去观察，自己去补课。

所以，要学什么，可以先从纵向的职业发展去入手。

2. 横向学习：练习贯通力

你只是一个公司的小运营，经常加班，业绩平平，不知道什么时候能升职加薪。这个时候，难道你就该纵容自己颓废下去吗？

当然不。

你也可以培养一下自己的贯通力。所谓贯通力，就是把看似不相干的事物有组织地联系起来的能力，就好比语文课上常说的融会贯通、举一反三。

比如，作为运营的你是否能学点儿产品的知识？它的好处是，一方面便于对公司产品有更深入的了解，在运营的时候自己也更加专业；另一方面，也可以增进和产品部门同事的密切配合，减少了沟通成本，还有人甚至因此转岗做了产品经理。

你还可以学一些财务的知识，也许某一天当你自己创业的时候，这些财务知识一定能助你一臂之力。更重要的是，学完财务你也可以把自己的精力做下分类，如果你的精力可以换算成钱，你该如何分配精力，使每一分精力最大化地花在该花的地方。

还有，如果你是互联网公司的，你是不是了解过传统公司运营岗位的工作流程？还可以细分到各个行业：汽车类、时尚类、电子产品类……了解得越多，对自己所做的事情你会变得越来越有底气。

很多人认为工作之后就不用学习了，这就跟"高考定终身"一样荒谬。难道人可以靠着一张学历证明吃一辈子吗？在职场上，我们靠作品和能力说话。

韩寒曾经说过："我常说一句话：人可以不上学，但一定不能停止学习。我也常说，为了避免早期作品中模仿他人的痕迹太重这个缺点，我不再看其他人的小说，但一定不能停止阅读，只有阅读，才会进步。硬要控制信息，断章取义，我也没有办法，也许我们读着不一样的书，走着不一样的路。我只是选择了做自己喜欢的事情，为了写作，我影响了学业，最后退学，为了赛车，我又几乎放弃写作，不计代价，孤注一掷，我运气好，都做的不差。"

工作几年以后，我确实已经把大学学的那些高数、物理公式完完全全忘记了，也忘了英语老师要我们背的单词、段落，但依然能做一个保持学习的人，能在人群中一眼分辨出哪些是坚持学习的人。

学会学习，比学习本身更重要。

愿你被这世界
温柔相待

不落给你的，

一定是你能承受的

▷ 别让我一个人孤独离场

　　2009 年，本应拥有与韩寒、郭敬明相同成长轨迹的我，在完成最后一次新书宣讲会后，突然从"80 后"文学圈中销声匿迹。五年后，我创作的长篇小说《藏香》由当代世界出版社发行，迅速登上各大书店畅销书榜，得到了文坛奇才贾平凹先生的高度赞誉，并入围 2014 年度新锐艺术人物文学类大奖候选人。接踵而至的荣耀光环背后，也让越来越多的人发出疑问，廖宇靖这些年去了哪？干了什么？

　　2014 年 4 月，我在四川电视台《畅所欲言》栏目解开了过去五年的"失踪之谜"。在节目录制的最后，我脱离事先准备好的台本，动情地向电视机前的她说道："有时，我们的一生只为了某一个特别的相遇；而你，就是我一生一遇的深情。娜娜，嫁给我吧！"

　　如果没有那年高原雨夜中不经意的一瞥，或许，我不会知道世上有这样一个人，能够让我的心静若止水。2009 年 10 月 15 日，刚刚大学毕业的我背着重重的行囊，独自坐上了从成都新南门汽车站开往康定的大巴。在这前一天，我顺利地成为一名高原警察。

除了我自己，没有人能够理解我在创作生涯的最高峰选择"弃文从警"的举动。16 岁出版首部长篇小说，成为炙手可热的少年作家；20 岁进入"80 后"作家实力榜前十。每部作品都受到读者的热情追捧。追光灯下，作家、火炬手、志愿者……我的身份让人羡慕；知名女星之子、天价书稿、骗稿子的贼……争议却时常让我以另外一种身份成为媒体焦点。事实上，我选择"退出"，只是在寻找人生的另一种可能。

康定地处世界屋脊青藏高原的东南缘，情歌的故乡。半个多世纪以来，《康定情歌》以真切的感怀、美妙的旋律让人们传唱至今，如织的游人不远万里来到这里，寻找溜溜的她。

可是我对康定城的第一印象并不那么美好。乘坐的大巴在半路抛了锚，到达康定时已是半夜，旅游旺季时的小城找不到一个床位，一整天的颠簸和疲惫让我近乎奔溃。这天午夜，这座高原小城突然飘起了小雨。雨水落在头上，很快便结成了冰碴，我的整个大脑开始嗡嗡作响，即使闭上眼睛，仍感觉到整个世界都在晃动。我想揉揉太阳穴，或许这样可以减轻头疼，可是双手刚刚触摸到太阳穴，却发现头上的血管被绷了起来。刚走几步，双腿一软，狠狠地摔在了马路中央。

这时，一辆轿车从我身旁飞驰而过，但让我诧异的是，这辆挂着川 V 牌照的车很快又退了回来。坐在驾驶室里的姑娘打开车门，落落大方地走到我跟前，细声细语地说："你好，我叫娜姆，需要帮助吗？"我时常在想，如果不是多年前的那次跟跄摔倒，也许，我们还在自己的平行坐标中行走，奔波辗转。那晚，这位浑身上下充满着奇特香味的姑娘帮我在情歌广场附近找到了一家旅店，和她朋友扶着我上了床，用热毛巾帮我降温，临走的时候还塞给我一大盒红景天和一张写有她手机号码的纸片。那晚，娜姆的影子开始在我的脑海里挥之不去。

追梦的日子来不及半点儿停留和不舍，天还未亮我又匆匆踏上了新的征程。我所服务的单位距离康定县城还有近五百千米的路程。从康定到新龙县的路上，辽阔壮美的湿地草原风光绵延不绝。我想找出留有娜姆手机号的纸片，跟她道一声感谢，但找遍所有地方，仍不见它的踪迹。不知道为什么，原本晴朗的心情顿时阴郁了起来。

新龙，隐藏在川藏深处的一座神秘小城。一杆烟的功夫，就可走完整个新龙县城。新龙四周被高山围绕，山上插满了颜色各异的经幡。风一吹来，经幡拂动，耳边似乎响起了永不停止的诵经声。

新的生活和工作并不顺心，现实狠狠地给了我一个下马威。

我被分在了县公安局刑警队，负责刑事案件的外部侦查和现勘中的痕迹检验工作，每天奔波于犯罪现场和看守所之间。由于语言不通，几乎无法开展调查工作，再加上经常停电停水，最基本的饮食起居都难以保障。走路稍快就会喘不过气，半夜经常因为高原反应而辗转难眠。每当夜深人静的时候，总会觉得内心空空如也，或许我是想家了。但我暗暗下定决心：自己选择的路，哪怕是跪着也要走完。

其实我明白，与其说我在坚持，倒不如说我在等待。等待什么呢？或许只有我自己知道。2009年11月10日，我跟随大队长去沙堆乡办理一起寺庙被盗案，勘查现场的过程中闻到一股既熟悉又陌生的香味。忍不住问身旁队友，才知道这是藏香的味道。在回县局的路上，我突然想起，原来这是娜姆身上的味道。

某些遇见，终不能幸免。那天傍晚，接到大队办公室的电话说有人找，我满心疑惑一路小跑到指挥中心。那一瞬间我不敢相信自己的眼睛，高原反应的眩晕感顿时又上了头：眼前站着的居然是娜姆。她偏着头，不动声色地与我对视。我整个人一下子愣在了那里，相持了几秒钟，她"扑哧"一声笑了出来，像变戏法似的从手上拿出了我的身份证和公务员录用通知书。原来，她上次送我去的那家旅店是她表姐经营的，服务员第二天在收拾房间时发现了我遗落下的证件。娜姆从成都实习回到康定得知此事后，独自开了七个小时的车到新龙为我送证件。

我满心愧疚，内心却又偷着乐，要不是我的马大哈，或许这辈子再也见不到她了。带着娜姆去了新龙县城唯一的一家火锅店，面对朝思暮想的她，却不知道该说什么好。我酝酿了半天的话还没说出口，娜姆先说话了："廖警官，谈谈你自己吧。"先前想说的所有话，被这突如其来的问题所击退，我想了半天，也不知道脑袋哪根筋短路，从嘴中蹦出两个字："未婚！"娜姆笑得快要断了气。

有了这样一个开头，后面的交谈也越来越愉快。与娜姆的交谈中我得知，她从小在康定长大，高中毕业后考上了成都理工大学广播影视学院（现四川传媒学院）广播电视编导专业，现在还是一名大四学生，最大的梦想是成为一名记者。

这顿饭我们吃了整整两个小时，天南地北地海聊，都希望时间过得慢一点儿。吃完饭，我陪着娜姆在雅砻江畔漫步，高原的夜晚如此美丽，抬头仰望天空，一颗流星从夜空划过。山上插满了五颜六色的经幡，层层叠叠的云幕将落日掩在身后，唯留下淡淡的鹅黄光晕，像一幅囊括天地的淡彩水墨画。一阵寒风吹来，娜姆不禁打了个寒战。我不由自主把手放到她的右肩上。娜姆抬头望了一下我，都不约而同红着脸避开了彼此的目光，我暗地搂紧了她的肩。从她身上散发出的淡淡藏香扑鼻而来，我确定，那是爱情的味道。

　　机缘巧合，我和娜姆在最深的红尘里相爱了，那是我在高原从警的日子里最快乐的一段时光。为了能够让我尽快地适应高原的生活，娜姆一字一句地教我藏语，每到周末，我和娜姆会去距离县城60千米的拉日马草原约会，我们像风一样穿过一片片青稞地，一堆又一堆的尼玛堆。远方的经幡在微风中不断地起起落落，像是在诉说一个个故事。娜姆唱歌特别好听，宛若那静静流淌的小溪，又似那微风扶柳般若隐若现，闭目静听，心若止水。

　　2010年7月的一天，我和娜姆在参加完雪顿节回县城的路上，娜姆接到了一个电话。挂断电话，她一脸兴奋地告诉我，她获得了成都一家媒体的实习机会。这原本是一件高兴的事，但一想到迫在眉睫的离别，我俩都开心不起来。那天夜里，整个县城大面积停电，我们租住的小屋一片漆黑。我点亮蜡烛，手捧着一盒蛋糕走到娜姆的跟前，轻声对她说："好遗憾！你的过去我来不及参与，但未来我不会再缺席。宝贝，生日快乐！"娜姆被这突如其来的惊喜激动得语无伦次，我用手轻轻堵住她的嘴，两个人紧紧地拥抱在一起。

　　我慢慢适应了高原的生活和工作，也逐渐得到了局领导的信任，开始协办或主办一些大案要案，经常到乡镇或是牛场进行驻场办案，有时候一去就是一个月。更主要的是，这里山高路远，没有通讯信号，有的地方甚至用电都十分困难。我刚结束"清网行动"近一个月的追逃工作，从甘孜藏族自治州炉霍县甲孔乡回到新龙县城，就接到了娜姆的电话。听到我的声音，娜姆什么也没说，在电话那头就开始哭。我瞬间慌了神，以为她出了什么事，连忙安慰一番。隔了半晌，她终于止住了哭泣，对我说："你是不是不要我了？一个月都联系不上你。"

娜姆跟我说了这么一句话，"你写小说吧。你以前写的武侠我都看不懂，你可不可以写一本书让我知道我不在你身边的日子，你在做什么的小说。"

就在那一瞬间，我决定重新拿起笔，哪怕是为娜姆一个人，我也一定要把这本书写出来。从那以后，无论工作再怎么忙碌，我每天都会抽出两个小时来进行创作。与其说是写小说，倒不如说是在述说对娜姆的思念。四个月后，长达35万字的长篇小说完稿，新书的书名又让我头疼起来。

我独自坐在格萨尔广场的石椅上，广场依然热闹非常，满是转经的老者、磕长头的虔诚者、小贩和背着单反相机的游客，他们用自己的视角去发现幸福的滋味。突然，一阵熟悉的味道从远方飘来，我知道那是藏香的味道。藏香，味清淡而雅致，质朴而不张扬，就像远方的娜姆一样。灵感突然闯入我的脑海，新书就叫《藏香》。

努力的人是幸运的，在我的新书完成后不久，娜姆也从成都传来好消息，她已经顺利地通过了实习，与报社签订了正式的劳动合同。我为之感到骄傲，娜姆做记者的梦想终于实现了！

2012年3月13日，我刚刚结束连续三个夜晚的奋战，和全局干警一起圆满完成了"打黑除恶专项行动"后回到县城，手机铃声大作，一种不祥的预感扑面而来。电话那头的父亲告诉我，母亲在下班买菜途中被一辆飞驰而来的出租车撞倒，左腿粉碎性骨折。

听到这个消息，我的世界近乎崩塌。我是家中的独子，自从到川西高原工作以来，每一次回到家乡四川绵阳，都会看到日渐衰老的父母，"子欲养而亲不待"是我心中最大的愧疚与痛楚。我飞速赶回老家，看到病床上满脸憔悴的母亲，我心如刀割，泪水夺眶而出。母亲左腿伤势很重，需要卧床百日以上，期间的吃喝拉撒都无法独立完成。主治医生告诉我，护理和康复若是不到位，后期致残的可能性非常大。我望着绵阳阴沉的天空，绝望得一整天没有言语。这个时候，娜姆做出了一个惊人的举动：辞职照顾母亲！

娜姆要放弃千辛万苦得到的工作来照顾母亲，我说什么也不同意。成为一名记者是她从小的梦想，高中毕业后，为了这个梦想放弃了省外的一本大学，选择了现在就读的这所民办三本艺术类院校。毕业前夕经过自己的勤奋努力，终于在这家媒体慢慢站稳了脚跟，现在却要因为我而放弃这份工作，我内心过不了这个坎。但娜姆在病房外对我说的一番话，彻底改变了我的固执："工作没有了，还可以再找；但母亲照顾不好，后期致残了，无论对你，还是对我，都是一辈子无法平复的伤痛。"

我是幸福的，在这一刻我彻底顿悟：如果爱非要用什么来表达，就是在一个需要你的时间，在一个有你的地方，仅此而已。

有了娜姆在我的身后作最坚强的后盾，我的文学创作越发的顺利，新创作的 20 万字长篇悬疑小说《川藏秘录》也完稿了，多家出版社表现出感兴趣，并有影视机构表示有兴趣改编成电影。

每天早上六点，娜姆就开始了一天的劳动，起床清洗母亲的衣服和床单，然后为母亲做饭；此外每天至少十几次抱母亲小便，帮她翻身，晚上从来没有在凌晨 2 点前睡过。在她细致入微的照料下，母亲的身体逐渐康复，三个月后，已经可以下床行走了。母亲胖了，娜姆却瘦了十多斤。

看着娜姆日渐消瘦的脸庞，我明白，此生最大的荣耀不是坐拥浮华，而是被她所爱。

那年夏天，我呆坐在警车里，望着奔腾的雅砻江，辞职的念头突然冒了出来。当我将决定告诉娜姆时，她显得异常的平静，深情地望着我的眼睛，坚定地告诉我："我和你的决定同在，现在是这样，以后也是这样。"

2013 年 10 月，刚完成新长篇小说《铁路大院》的我和娜姆来到三亚旅游。夕阳下,亚龙湾很美妙,海浪拍击沙滩带来阵阵响声。从小在高原长大的娜姆第一次见到大海,兴奋得像个孩子。我和娜姆漫步在海边,心情异常放松和惬意,诉说着相爱多年来的点滴。不远处,蜡烛摆好的"I Love You"(我爱你)字样显得格外显眼。不知情的娜姆还以为是别人在求婚,兴奋地掏出手机拍照。接下来的一幕却是:我带她径直走向爱心中间,拿起巨大的花束并跪地求婚:"嫁给我吧!"娜姆感动落泪,没有多少迟疑,她大声地说:"我愿意。"

我如此爱你,所以我站在这里。2014年10月3日上午12时许,在四川绵阳子云大酒店五楼的婚宴大厅,我身着西装领着穿着洁白婚纱的娜姆,在一大帮亲朋好友的相拥下,共同步入了海洋主题的结婚现场。

在上百名嘉宾的见证下,我对娜姆说:"我从来没想过,有一天会遇到这样一个女孩,她善良,我们路过看到沿路乞讨的老人,她居然告诉我等她有钱了,最大的梦想是做慈善,帮助这些人;她勤奋,为了这个家她可以瞬间变成女汉子;她节俭,她最常说的一句话就是,要节约,以后花钱的地方还很多;她执着,我在高原从警的日子里,是她在执着地坚守着我们的爱情。今天站在这里,我以为我会紧张,但此刻我却无比的心安,因为有了你,我对未来不再恐惧,不再孤单,不再怕老去。"

娜姆也动情地对我说："你还记得吗？曾经有一次开玩笑我问你，如果有一天我们分手了你会怎么办？你沉默了两秒说，如果我们分手了，我就再也不找了。这句话可能在很多人看来只是情侣间的甜言蜜语，但是在我看来，这是我听过的最真实、最浪漫的话。今天，我要告诉你，我们永远都不会分开，因为漫漫人生路，我害怕你一个人真的这样孤独地走下去。从今天起，我成为你的妻子，我会用我的生命去爱你，爱我们的家。我会陪你到老，我们并肩打拼，不让我们的爱情被现实打败。我们永远都不要分开，别让我们任何一个人孤独离场。"

于千万人之中等到你，才算没有辜负自己。时光还在，你还在。

辞掉公职，一定是我三十岁之前干过的最酷的事。

五年前的那个清晨对于大多数人来说再普通不过，但对于我，这一天将是一段经历的结束，是另一段人生的开始。早上九点，和传达室的大爷打过招呼，然后上楼去办公室。办公室里，其他的同事也陆陆续续来了，我把桌上的灰尘擦掉，之后去倒了杯水。一天的工作开始了，先整理了我主办的一个案件卷宗，补充现勘照片，去看守所向两名犯罪嫌疑人宣读执行逮捕通知书。下午两点将回执交到检察院后，向副局长汇报案件进展，接着和冯哥去技术室打扫卫生。五点三十分，大队只剩下我一个人。摘下警帽，脱下警服，关门，转身。

惴惴不安的我背着比来时轻了许多的行囊，悄然离开了这座工作了三年的高原小城，独自坐上了开往成都的大巴。望着窗外开得正艳的格桑梅朵，高原的每一瞬间都历历在目，我终究还是没有忍住泪。

大学毕业后，我不顾父母反对，毅然决然地选择了留在成都。我手捧着一纸艺术类大学的专科文凭，戴着八百多度的眼镜，面对800块钱的工资，我下决心要凭借自己的努力改变命运。偶然的机会，我看到了全国政法干警招录考试的消息。卧薪尝胆四个多月，我冲过了千军万马过独木桥的公招考试，如愿成为一名国家公务员。

我的父母都是普通的铁路工人，家中突然有了这么一位身穿制服的国家公务员，真可谓是一件让祖辈脸面有光的大事。父母大宴亲朋邻里以示庆祝。席间，亲友说着各种鼓励祝福的话。那一刻，我瞬间感到自己身兼民族复兴和维护群众平安的重任，恨不得马上化身成惩恶扬善的超人。邻居们纷纷成为事后诸葛，说早看出我天资聪颖，他日必成大器，云云。其实我在大学胡混了三年，最后努力了四个多月，打了一场漂亮的翻身仗。

所以，当我到家告知母亲我辞职的消息后，她的泪水夺眶而出。

在这之前，所有人都以为我的人生将这样平稳地走完。刚大学毕业的我，一来就被分在了许多老干警都羡慕的刑警队，从警一年便拿到了痕迹检验工程学助理工程师的职称，独立承办挂牌督办的重特大案件……我也想过，如果我不辞职，可能三年后到副科级，再过五年，或许能到正科级，再过十年，到副处级也是有可能的。

一个阳光明媚的中午，我决定辞职。那天，即将结束一天工作的我，想明白了一个问题：人活着究竟是为了什么？

我呆坐在警车里，望着奔腾的雅砻江，辞职的念头突然冒了出来。我觉得自己再也不能这样下去了。我已经 25 岁了，如果再不离开这里，以后我就只能一辈子待在这里，不断重复前一天的工作。

从今以后，我将不再受任何外在的束缚，我要去做自己喜欢做的事，我会根据自己的良知去追求我认为有价值的目标。

我心情异常的压抑，忍不住号啕大哭。

我哭什么呢？我哭，是因为自己被家人误解——误解的本质是反对；我哭，是因为自己使亲人失望；我哭，也是因为脆弱的我必须坚强时，需要用眼泪释放压力；我哭，还因为本性乐观的我，眼泪里也能哭出阳光。

我哭自己终于摆脱了内心深处对他人意见本能的屈从，终于获得了按照自己意志去奋斗的精神自由，终于撕破了自己与生俱来的、总是骗爸爸妈妈"我在这里挺好的"那种温情脉脉的虚伪，还哭我自己从此终于可以走自己的路。

回到成都，在"要让爸爸妈妈早日摆脱为我担忧和操心"这个信念的支持下，我把所有精力和力量都倾注在了新的事业里——写小说。然而，刚开始新事业的我，梦想的引线差一点儿就被现实这盆冷水给扑灭了。

那是回到成都快一个月的时候，家中的一个亲戚从老家给我打来电话，问我在成都干什么，为什么不回老家。一听她那充满关切、规劝、质疑的权威声音，我就知道她代表着爸爸妈妈和全体家人来劝导我放弃成都，赶快回老家找一份稳定的工作结婚生子。当得知我无业在家写小说时，她惊讶得半天没有说出话来。

随后的几天，来自老家的电话一个接一个地打了过来。梦想的伟大之处在于，它或许廉价，或许卑微，但是它永远独一无二。我没有就此放弃，但无论我在电话里怎么解释文学创作是一件多么有希望和前途的事，他们总是不依不饶，认定我抱着金饭碗的公务员工作不做，回到成都还不正经找个工作是一个极大的错误选择。

离开体制的我，被亲戚朋友看成是异类。我的心情糟糕透顶，索性关掉了手机。亲人们的好心规劝不是没有道理，但我坚持自己的梦想，又哪里做错了呢？

我是幸运的，我有从不粗暴掐灭我梦想火箭的父母，他们最多只是满怀忧虑地看着我胡乱折腾，并祈祷我不要摔得太惨……

享受回归大城市短暂的快感之后，三年公务员所存下的积蓄也逐渐见底。脱离了"有保障的生活"的我，很快陷入了一种绝境：我也是在那个时候才发现，除了做公务员，我居然没有任何其他的工作经验，三天打鱼、两天晒网的大学三年所学早就忘得一干二净。再烂漫的文学梦也需要现实的物质去支持，当五十封简历石沉大海后，一个尴尬又急迫的现实残酷地摆在了我的面前：我找不到工作。

我不得不承认，那个时候，我后悔了。我后悔我不该这么冲动的扔掉"铁饭碗"，我后悔我没有在辞职之前找好下家，我后悔没有在单位多存点儿钱以便可以支撑我更久的梦想之路，我甚至后悔大学毕业就该本本分分地找份工作，而不是考什么公务员到头来一场空。

不过，我很快就想明白了：每个人的职场生涯都是在做一笔投资，稀缺资源是我们自己的时间。在整个生命历程里，我们一方面要用自己的收入抵消支出，一方面要最大化个人利益。对于我而言，放弃公务员这件事，让我不得不跟"有保障的生活"告别，但是也给予了我不被一个工作套牢的可能性。如果我在未来的职业生涯中为自己赚来另一个"有保障的生活"，那么辞职这件事就不亏；如果在此之上还取得了更好的收益，那么告别体制这一笔人生投资就算是赚了。

养活自己，是一个男人最基本的职责。白天找工作，晚上写作，这样的日子持续了一个月。一个月后，在弹尽粮绝之前，我终于找到一份稳定的工作。有了看似还不错的工资收入，这样一来，我就有了更多的时间和精力在文学的王国里编织属于我的小小梦想。

坚持梦想的人一定是幸运的。我所创作的两部长篇藏地小说《藏香》《川藏秘录》相继出版，影视改编权也已售出，这应该是对我捍卫梦想的最大回报。

请时刻捍卫你的梦想，千万不要放弃自己的梦想，每一个不曾起舞的日子，都是对生命的辜负。梦想的存在，是对于没有梦想者的挑战与冒犯，所有有梦想的人都会遭到他人的质疑和反对。不要怕被别人嘲笑，坚持走下去，光明一直在前方，只要你向前迈出一步。

我在藏区三年的从警经历，给我的文学创作带来了莫大的助力。警察工作给我的最大帮助是培养了我谨慎细微的态度。在办理刑事案件中，细节是案件侦破的核心，一根细小的毛发、一个难以觉察的指纹都是破案的关键。正因为此，在我创作《川藏秘录》时，不仅在情节设计上环环相扣，在悬疑推理的方式上推陈出新，我更将神秘的康巴文化色彩融入小说之中。

后来，我的很多朋友都离开了公务员岗位。他们能力强，很快又在新的领域闯出一片天地。对于未来，我不知道迎接我的究竟是什么，是荒漠，还是鲜花。但我知道，若干年后，当我重新审视我走过的这一生，我会因为曾经亲手放弃了一目了然的人生，将自己放任于各种可能而感到舒心。很多事情都可以被人复制，唯一无法复制的是经历。

▷ 久处之后仍然心动

我认识不少单身女孩，她们不结婚的原因，不是不相信婚姻，也不是想要更自由的生活，而是不知道如何长时间地去经营婚姻，如何保持恋爱之初的心动。

她们怕一旦时间久了，处着处着味道就变了：比如现在我身材曼妙容颜俏丽，你对我怦然心动，可老了身材臃肿、皮肤松弛，拿什么再维系心跳？

因为害怕，我们不敢向前，因为害怕，我们把婚姻比作牢笼枷锁，把原本美满的婚姻看成是一切灾难的源泉。

这些年，网上流行一句话——"选一城终老，择一人白首"，这似乎是我们寻常人心中最美的愿景，一如童话故事那般，幸福美满让人憧憬。可是当我们怀揣如此梦想去经营自己婚姻的时候，却又举步维艰。

一次心动，一件漂亮的衣服，一份精心烹调的晚餐，简单容易。

那么一辈子的心动，该如何维系？

我见过不少漂亮的女孩，欣赏她们的漂亮；也见过不少能干的女人，我也佩服她们的能干。可当看到她们手忙脚乱经营婚姻，抱怨再无最初心动的时候，我更羡慕活得精致的女人。

所谓精致和外表并无太大关系，但会把自己收拾得干干净净、利利索索，无论是外出的衣着，还是家里的厨房；精致和家境收入也没有太大的关系，活出自己的节奏，就算再忙碌都能有条不紊。

这样的精致，更体现在活得睿智。生活中的精致是关心粮食和蔬菜的价格，但是不会过于斤斤计较；计算着家里每个月水电气开支，但是不会为了这个和家人争吵；记得他的生日和喜好，偶尔商量一下出游计划。

听上去，这样的精致有些过于复杂烦琐，让人不好把握。但实际却非常简单。我最美的时候，让你怦然心动，那年我二十岁。然后我就把自己保鲜在那个年龄，时间或许会带走我的青葱，带来沧桑和褶皱，但是我们会竭力追求生活的精致，给自己套一层保鲜的皮囊。我们努力地始终将最美好的自己呈现在你的面前，让你见我仍然感觉如初。

我也会给你制造惊喜、制造浪漫，也会给你关心、给你问候。我把最美的自己，始终为你保留，就像是一瓶红酒，哪怕尘封多年之后重新打开，仍旧香醇、沉醉。

要让一段婚姻永远保持最初的样子，要让你喜欢的他永远对你心动。并不是苦心经营地去改变自己，而是追求一个自我的完善，历经时间打磨洗礼，如一件礼品，你拆开层层厚厚的包装，可以看到那个最美的我。

在久处的婚姻中，你找到最美的自己，而他收获一直如初的爱恋。如此，双赢。

▷ 向着阳光奔跑

　　十多年前，我有一次非常不愉快的经历。如果我没有记错，那是 2005 年，16 岁的我出版了首部长篇小说。那一年，"80 后"作家这个群体刚刚被人所熟知。应出版社的邀请，我跟另外一个四川的"80 后"作家来到了中国传媒大学。

　　那是一次相当特别的体验，出版社将包括我在内的六个"80 后"作家分别安排在了六个不同的房间进行主题交流和演讲，人们可选择自己最喜欢的作家，走进他们的房间里，与他们面对面的交流。除了我以外，他们都诞生于新概念作文大赛，是从《萌芽》走出来的作者。可想而知，根本就没人知道我是谁。那天的记忆特别深刻，我的左边是张悦然，右边是那个和我一起坐了二十多个小时的火车来到北京的小个子四川作家。他们的演讲大厅里坐满了读者，等着他们签售的粉丝排起了长龙。当然，我是后来才知道那个小个子作家是郭敬明。

我的报告厅里除了一个维修电灯的修理工之外，没有一个人，非常尴尬。我等了很久，终于陆陆续续走进来十个人，我觉得终于有个台阶可以让我下了，非常高兴。在我主题演讲的过程中，我以为是被我的精彩演讲所打动，在座的有九个听众都站了起来。遗憾的是，他们再也没有坐下。偌大的展厅只剩下我和一个读者，失望中仍有一丝感动。我说："这位同学，你好，谢谢你，请问你有什么问题？"他说："郭敬明那边队伍太长了，我站累了，歇会。"

我身边的许多人都认为梦想是一个俗得掉渣的词，但我认为，关乎梦想的都不俗。

在我小学一年级的时候，班主任在课堂上问我们的梦想是什么。"80后"出生的孩子在那个时候的回答大部分是想成为科学家、飞行员、老师。

我的童年梦想和大多数孩子不同，我的梦想是做一个和尚。我清晰地记得二十年前，当满脸稚气的我脱口而出那个梦想后，随之而来的是阵阵嘲讽声。

其实在我心里，也在嘲笑他们的梦想。

为什么想当和尚？大部分"80后"应该看过许多少林寺题材的电影，而我也正是受电影《少林寺》的影响，小时候曾一度梦想当和尚，我也想跟电影里的和尚一样除暴安良。

后来一天天长大懂事，并在父母的友情提示下，才知道原来和尚不能娶老婆，所以果断放弃了这个最初的梦想。

我总是在不断地折腾，我折腾的最大动力来源于我想与众不同。我出生在一个普通的铁路家庭，父母的文化程度都不高。童年时候的我是一个沉默寡言的人，成绩在班上总是倒数，三年级数学就开始不及格，直到现在都不曾戴过红领巾。无论在老师还是同学眼里，我都是那个被忽视的人。

我不喜欢这种被无视的感觉。我让妈妈用红布给我做了一个红领巾，悄悄地戴在了脖子上。我以为从此以后将变得和过去不一样。万万没想到，第二天还没走进校门就被门口负责稽查的老师给堵住了，没收了伪造的红领巾。我这才发现我妈给我做的红领巾居然是正方形。我被我妈坑惨了。

我说这些可不是要你心疼我，我只是想给自己接下来要讲的那些疯狂的故事一个合理的理由。如果说小学是我的人生起跑线，我从第一天起就输了，所以我更加渴望被关注、被发现、被认可。

当我开始在文学这条道路上有些小成绩时，网上对我的质疑也越来越多，出现了许多质疑我抄袭和骗稿的帖子。直到现在，我每一次出版新的作品，总会有人跳出来说我的作品是抄袭的，甚至说是骗来的稿子。但是气度有多大，未来就有多大。

第一本小说出版后，我很快开始了第二部小说的创作。这是一部纯文学题材的乡土小说，素材全部来源于我的童年经历，以及从长辈那里听来的各种匪夷所思的传说故事。这本50万字的创作，我耗费了整整五年的时间，每一个字都是我的心血。小说完成后，我四处投稿，但几乎都是退稿。退稿的理由千篇一律，那就是没有市场，不予出版。我后来统计过，这本书稿我共收到了一百多家出版社的退稿。

面对厚厚的几摞稿纸，我问自己：苦心坚持纯文学创作，最后却被市场抛弃，我还坚持梦想干什么？

大学三年，除了写了一大堆被一百多家出版社退稿没人要的小说和一张明晃晃的降级警告外，还献出了自己的荧屏处女秀。

那是大一的一个下午，班长找到我，说是TVB有一部电视剧需要演员，是否有兴趣。我装作一副目中无人的样子，问她，主演是谁？班长说，方中信。那一瞬间我想，小人物逆袭的时候到了，我马上就要火了。

那天下午，我花了一个星期的生活费去老校门做了一个头发，找表演系的哥们借了一套衣服。晚上八点，春熙路。方中信、杨怡和伍咏薇一下车，耳边都是粉丝的尖叫。我骗自己，这尖叫都是冲着我来的。

导演组很快架设好机器，副导演告诉我，你的戏就是从春熙路的这边走到那边，再从那边走到这边，然后再折回。

晚上十点，在领到三十元片酬后，我回到了学校。我开始等待，等待，等待我的银屏处女作。

几个月后，电视剧终于在香港翡翠台播出了。一个月后，我在学校小广场的地摊上买到了《建筑有情天》的盗版光盘。回到寝室，我从第一集开始看。

第一集、第二集、第三集……一直到第八集，还是没有看到我，我反复看了两遍，还是没发现我。

终于在第九集看到了那熟悉的场景：熙熙攘攘的春熙路、热闹的高邦旗舰店。我兴奋地站了起来，我知道，我要出现了！

23分05秒，我终于出现了！这就是我的银屏处女作，只是，让人遗憾的是：我只有一个背影！

突然想起导演李安的故事。其实当年李安想过要改行，想学计算机，放弃导演这个行档。他跟他的妻子林慧佳女士说了这个想法，林女士并没有回应他。两个人沉默了一夜后，第二天一早，林女士上班了，她在餐桌上留下了一张字条。李安把它拿起来一看，上面写着这样一句话："安，要记得你心里的梦想。"

你要相信，没有过不了的坎，没有愈合不了的伤。去奋斗吧，只有梦想才能让你远离平淡与庸俗！愿你也能与我一样让梦想照进现实。

▷ 儿子你不要牵挂，爸爸已经长大

怎么一晃眼，你就要满一岁了，而我也从手忙脚乱、大惊小怪的爸爸，变成懂你的、享受与你对话的爸爸。我常想，这么可爱的小生命诞生，不时让我谦卑感谢。

你已经长牙了，粉色的牙龈上出现白白的印记。出牙太痒，乖巧的你也变得异常烦躁，几晚都没睡好，你用自己的小手和牙胶也无法缓解这种痒。我把手洗干净放进你的嘴里，小家伙使出浑身力气疯狂地咬磨，可见你有多难受。成长带给我们惊喜，也带给你不适。

你的乳名叫"小早"，因为我和你妈妈都觉得你来得太早了。当我和你妈妈还在为筹备婚礼而忙得焦头烂额的时候，你就像个天使一样悄然来到我们的身边，不声不响。当然，在一个月后我们用四个测孕棒发现你之前，我和妈妈还像恋爱时那样去吃各种好吃的，看最新上映的电影，和妈妈比拼平板支撑谁坚持得更久，计划着婚后度两次蜜月，一次去普吉岛，一次去欧洲。爸爸妈妈想用五年的时间好好拼事业，为你创造更好的未来……所有的计划都因为你的到来而不得不推后或终止。

宝宝你知道吗？你还在妈妈肚子里的时候，每一次胎动对我和妈妈来说都是最幸福的施舍；你的每一张模糊的四维彩照都会融化我们的心。

当你妈妈满脸憔悴、泪眼蒙眬地告诉我你来了的时候，我们有些惊慌失措。我们渴望见到你，却也害怕见到你，因为我们觉得自己都还是个孩子，担心照顾不好你，给不了你最好的生活。这年秋天，我和你妈妈带着你举行了婚礼。当你长大以后，你可以骄傲地告诉你的小伙伴：我参加过爸爸妈妈的婚礼。直到一个月后，当我们在三维 B 超上看到你模糊的轮廓，先前所有的忧虑和迷茫瞬间消失得无影无踪，在我们心底深处第一次真真切切地意识到：从今以后，我们的生命中真的多了一个你。

宝贝，你的到来，让爸爸感受到生命的神奇，也更让爸爸感受到妈妈的伟大。妈妈为了你，戒掉了很多爱吃的东西，爱美的妈妈也不再讲究，不再化妆、不再美白，每次外出的时候就只穿一件大棉袄，只为保暖不顾形象；为了你，夜里忍受因为你迅速长大胯骨钻心的疼痛，即使没有食欲，也要疯狂地往嘴里塞东西，只为了你能够健康成长；你在一天天长大，妈妈的身材和模样也在逐渐改变。

爸爸为你写下这些，只是为了让你记住你妈妈的伟大。等到你长大后，我们要保护妈妈一辈子。

宝贝，你出生在春天。春天，你出生的这片土地有大片大片的油菜花。万物复苏的季节，你将用另外一种方式延续着我和你妈妈的生命，我们的样貌将永远留在你的脸上，我们会用我们的经历教会你善良。你每天都在长大，我们每天都在老去，宝贝，爸爸妈妈珍惜属于我们的每一秒钟。我们疼你，却不会代替你去成长，你的挫折还要你去领悟；我们爱你，却不会替代你去生活，你的道路还需由你来走。我们愿以所有的关爱，陪伴你、引导你，让你成长为一个勇敢的人，独立的人。

宝贝，你出生在一个普通但充满爱的家庭，有健康的父母，还有爱你的爷爷奶奶。你不会是一个富二代，也不会有傲人的背景，但我们会给你全部的爱，爸爸妈妈会竭尽全力让你过上更好的生活，你还会有一只叫甜甜的泰迪小狗陪伴你成长。我们会带你去练跆拳道，会带你去踢球，会带你去世界各地行走，你的生活永远不会缺少色彩。

你还在妈妈肚子里的时候，我就和你说过很多话，告诉过你我们生活的这个色彩缤纷的世界，告诉过你我们为你准备的各种各样的礼物，告诉过你的爸爸曾经是威风八面的高原刑警，你的妈妈是一个睿智善良的新闻记者，告诉过你我和你妈妈为你的到来做的各种计划，告诉过你我们的模样、性格还有脾气……宝贝，我要用尽所有的努力，为你和你妈妈建造一个温暖幸福的家，我希望你健健康康地长大，我们会尊重你的爱好和你喜欢的生活方式，只希望你能成为一个有担当的男子汉。还有很多个夜晚，我在想象着、计划着、准备着，为做一个好爸爸无数次地预演着。

▷ 他只是刚好需要，你只是刚好在

昨晚深夜两点多，有个姑娘在微信公众账号的后台留言。姑娘和前男友分手两个多月，是男方提出的，理由是"无法和你共度一生"。姑娘很不解，她问我："当初不是说好奔着结婚去么，都互相考察了许久才开始的，怎么就没法跟我共度一生了？"

我本就有些困意，伴着爸妈的呼噜声看到这条信息，心里又气又恼。有时候对于一些无能为力的事情真是觉得遗憾又无奈，我回复姑娘："有一种爱叫作他只是刚好需要，你只是刚好在。"

我并非爱情中的常胜将军，我也曾在前女友坦白我们不合适后歇斯底里："既然不合适，当初为什么选择我？"而她的回答很简单："因为你赶上了呗。"这样诚实，发火都没了脾气。所幸也是由于她的这句话，我在分手一个月后慢慢地领悟了这个道理。而真正放下，却是和 F 先生的一次交谈。

F 先生是我哥的老友兼合作伙伴，标准的沧桑老男人一个，我们相识在一场酒局上。我本以为以 F 先生的人生阅历和谈吐举止应该会有不少小姑娘前赴后继，以至于练就了一身的爱无能本领，谁知道 F 先生竟然缓缓道来他的上一段恋情，姑娘狠心离去之后他的煎熬。

F 先生离异后，每天面对 200 平方米的大房子悲从中来，觉得自己明明是黄金年龄又事业有成，为什么活成了孤家寡人，抱着再组个家的想法，遇见了上一个女朋友。我虽没有见过这位伤了 F 先生心的传奇姑娘，但在他的描述中得知，姑娘善良、漂亮、热情奔放。和其他热恋中的情侣一样，F 先生和他的姑娘也度过了很多美好的时光。某天 F 先生还在憧憬未来无限美好的时候，姑娘坦诚道："其实我根本没想过跟你结婚。"就这样，传奇姑娘快速地收拾了全部的行李搬了出去，留下 F 先生一个人在空荡荡的房间里不知所措。

F 先生的梦醒了。

意气风发的 F 先生在我面前讲这段往事的时候没有了叱咤商界的精明能干，和大多数情爱中的失意人一样，讲着自己的不甘和付出。我想起张嘉佳写自己离婚后一年没工作，天天喝酒，四处旅行，胖了 15 斤；友人写他离婚后自暴自弃，一蹶不振。每个人在遭遇感情变故后，估计都如亦舒所写"唇红齿白的美人成了一摊烂泥"。情爱里无智者，都是过程。

一段感情最难过的不是分开，而是你还在为种种计划而努力的时候，对方已经止步不再前进了。而你们当初向往过的生活如今因为她／他的离开，扔下你一人在原地不知该放手还是继续。

我知道身陷情伤不能自拔的人有很多，放下一切寻找旧爱的肯定不止一个。人在感情里我劝不住，鸡汤我不想熬，有关爱情的道理相信你也听到过很多。我其实只想问问文中的 F 先生和昨晚的姑娘，你确定你真的是爱那个人，而不是因为不甘心？你又能不能确定自己是因为爱着这个人才想走进婚姻，还是因为你心里早就想有一个家而对方只是刚好出现？

我想你兜兜转转那么久，终于明白安稳的生活有多么的重要，窗外的雪松和炉火上炖着的汤，满屋的光影和太阳的香，清晨骑单车去逛花市，夜晚把酒聊天来歌唱。

只是，这些场景，我愿你找到相爱又合适的那个人共同完成。

姑娘，请别太高估你对他的感情，那不过是南柯一梦，别弄得非他不可。

F 先生，愿你今后有酒有肉有姑娘，能贫能笑能随性，敢爱敢恨敢追逐，此生纵情豁达，清澈明亮。

▷ 未来的深浅，用行动去试

别慌，我说的不是爱情。

我在一次酒局上认识他。喝到最后，他已经恍惚，仍执意要给我讲他的故事。

他 18 岁出来闯荡，没读过大学，今年 38 岁，是一本著名杂志的设计总监。他对一个二十多岁刚步入社会，浑身热血的小伙子说："我不知道你们这代人是怎么想的，我反感几零后几零后的标签，人是靠价值来相互认同的，而不是年龄。你们这代人看上去都很急，急房子、车子、票子……但也可能不是所有人都这么想。我两年前才有自己的房子，儿子今年两岁，我觉得挺好。25 岁时我在一家体制内单位工作，已有七八年工作经验，待不下去了，要走。领导请我喝酒，一口闷一杯，说了句，你还年轻，别想那么多，别着急，做该做的事。"

不知不觉我已经毕业多年。人都说，越繁华，越浮躁。当满腔热血和现实的利刃相互摩擦起片片刀光剑影，又被浮华的大都市瞬间淹没的时候，偶尔，只是偶尔，你会不会觉得自己卑微到尘埃里，却十分不甘？会不会在没有成功组成温暖的家庭前，周身包围着隐藏极深的一份不安全感，然而自己却硬给它安上一个坚强的外壳。

我想，至少，大多数"80后"是这样的。

可是我们不傻不笨，我们有每天必须要完成的任务，有踏实做下去的事情。我们尚有很多得不到的，但也有很多守得住的，所以，不要急，不要急。

人生毕竟和简单的投资效益分析不一样，它的复杂多变，决定了我们可以允许一个个计划之外的偏差。谁规定我们30岁之前就一定要解决房子、车子、票子等问题，谁规定我们毕业之后就要确定我们这辈子想要的是什么，谁规定我们一辈子要从事的职业是什么……我们所做的事情，都是忠于内心而已。即便短暂地迷失了方向，也不见得是件坏事，至少我们会认真思考症结所在，会思考我们是不是错过了什么，是否需要改变。一种兴趣可能需要一生去培养，一个决定可能需要一生去验证，而一份成就没有固定的期限，个人有个人的衡量标准，实在没有太多的可比性。

前几天认识一个姑娘，硕士毕业，从老家的市委组织部离职，只身来到成都，在一家企业做媒体运营的工作。我问她，这种颠覆过去的转变，为什么愿意？她说，发现以前的工作不是自己想要的，出来之前，她以为自己就快要与这个社会脱节了。我问她现在觉得怎么样，她说，慢慢来，她相信自己不会后悔这个决定。

虽然不太赞同"与社会脱节"这个说法，但是，我们的确有转换自身角色的权利，只要是深思熟虑过的，只要是自己内心想要的。之前我因不干高原警察，曾与妈妈谈到这个问题，她当时十分不认同，劝我要想好，在毫不稳定的小私企上班，还能不能找到好对象。我暗叹，这和找对象有什么关系。对象当然要找，可是我们现在就只为找对象而活着吗？

我们只是慢慢寻找，找一份想要的、更舒适的、更适合自己的生活。我们身边很多人不乏工作后又辞职去读书的，不乏工作之余花大量时间培养自己爱好的。总之，每一天，我们认真过，就很好。

所以，不要过分执着于追逐太多的光环，我们大可活得更轻松一些，尤其在年轻的时候，这与你拼搏奋进、与你想恋爱结婚都不冲突。

人生且长，终有归处，不要急。

不要急，但也不要驻足不前。揠苗助长不可取，怠惰因循亦不可行。

我朋友圈里优秀者太多，有很多人给我前进的动力。中午看到一条微博，某朋友提到："起早了，还是自然醒，真好，又省出来时间看书了。"

我有多久没有早起看过书了，我无法计算这其中的时间，虽然我现在每天也很忙碌，但是我知道自己精神有多懈怠。

我们往往眼高手低，内心反复计划无限美好的愿景，现实却又懒惰不前，其实这是最看不起自己的时候。

忙碌中有些人感到疲倦，有些人感到充实，有些人只会感到乏味。大部分人在悠闲中能体会到惬意与身心放松，而有些人觉得是虚度年华。

劳逸结合，但是不可虚度光阴。

我认识两个人，都有工作，都说要考公务员。一个每天早上起得非常早，根据自己制定的计划按部就班地学习，每晚上网络学习班，雷打不动。另外一个，每日焦急细数着日子，另一方面又被身边的各种东西诱惑着，今天晚上看个综艺节目，明天晚上不得已参加个聚会，总是有很多理由，而后又总是懊悔。最后，当然是前者顺利地考上了，其实即便他没有成功，也不会有那么多的遗憾吧，或者等到下一次再考，也会有更多的信心。

想到了我当年考研失败的时候，自己深深地反省过，终于知道为什么班里的另外一个同学能考上。别人都说我发挥失常，但我反省，发挥失常也总是有原因的。就在你虚度的一分钟里，别人也都在努力着，而努力的程度和成功是成正比的。

我们都会有迷茫的时候，在每个人生阶段都会遇到这样的情况，各个年龄段的我们没有什么不同。我们当然可以迷茫、可以困苦，也一定会因此用掉我们很多时间，但是我们不会永远迷茫下去。一旦知道自己想要的是什么，一旦确定了，一分钟、一小时、一天、一年，我们又有多少愿意浪费呢。

所以，不要等，我们想要的东西是等不来的，中彩票的几率太低，突然死亡的几率虽然比中彩票的几率低一些，但是我们还是希望自己能够走完这一程人生。人生短暂，岂能荒废。

▷ 如果爱她，就请给她一个家

叶子是我最好的朋友，她在大学时有个很相爱的男友，她把自己最美好的青春与年华都给了他。毕业后，叶子提出要见家长，商定婚事。谁料到，男友对她说："现在结婚还太早，等我考完研再说吧。"

她真的等了他一年。

一年之后，叶子再次提起婚事，本以为男友会满口答应，可得到的答案却是：现在我没车没房没存款，还不能给你想要的未来。

叶子说："我并不想要那些未来啊，我只是想和你在一起。"

男友却说："我不能这样娶你，要不你再等我两年。"

叶子向我抱怨，说她不知还要再等几年才能等到他的求婚，她觉得她的热情正在一点点地被消耗，就要消磨殆尽了。

半年之后，男友向叶子提出了分手，理由是："我很爱你，但是我太穷了，无法给你幸福。"

分手那天，叶子在我面前痛哭。她说她怎么也想不到，那么多年的感情就这样输给了现实。

我说："你们并没有输给现实，他只是不想娶你。"

男人都是有狩猎心态的，如果真的想娶你，他会抓住你，把你拴在身边，他会照顾你一生一世，他会构建一个未来并为之努力打拼。男人不像女人，哪怕他再无能，在真正的爱情面前都充满攻击性。他对你没有信心，不知道你能否永伴他黄昏；他对你们的爱情也没有信心，不知道这热烈明天是否就会化成灰烬，痴痴变成笑柄；他对自己更没信心，不确定能否通过自己的努力给你也给自己一个美好的未来。

于是他思来想去，还是守着这平淡的日月比较安全，还是找一个不需他耗心费力的另一半比较安全，还是没有承诺、没有压力走一步看一步比较安全。

你给自己找了那么多理由，你给他找了那么多借口，最后却抵不过一个赤裸裸的真相：其实，他没那么想娶你罢了。

我的朋友 L 小姐正在经历一场痛苦的失恋，她和男友相识于一家地下酒吧，很俗套的剧情，两个人一见钟情。

其实恋爱之初，谁也没想过能永久，毕竟两个人是有着五岁年龄差的姐弟恋，并且即将面临异国恋，这更像是一场短暂的合约爱情，彼此没有承诺，倒是也爱得轻松愉快。

相恋一年八个月之后，男方提出了分手。这个时候 L 小姐才知道男友是个富二代，家庭背景实力雄厚。这场恋情遭到了男方家庭的一致反对，男友无奈之下提出了分手。他和 L 小姐说得较多的是"我爱你"，但说得更多的是"我什么都给不了你"。

他还说，出生在这样的家庭，他有他的无能为力。

某天，L 小姐发了她和男友的聊天截图给我，述说着他们的故事。她说分手之后两个人并没有就此断了联系，依旧像热恋时每天问候，道晚安早安。男友依旧很关心 L 小姐每天是否安全到家，并且嘱咐朋友好好照顾她。

我不置可否地笑笑，如果他真的如他说得那么爱你，为什么不回来娶你呢？

亲爱的 L 小姐，我知道你给他找了无数个理由：他无法回来是因为家庭的压力，他无法给你承诺是因为他也无可奈何，他无法和家庭抗争是因为他是个孝子。

我也相信你们彼此都曾认真地对待过这段感情：他曾想过带你私奔，你亦放手给他自由。

你想起你们第一次见面那天，相谈甚欢。

你们面对面坐着，他听你讲着那些琐碎的小事，你说起一个令他感兴趣的话题，他立刻来了兴致。你觉得他一直看着你的眼睛，你觉得他挨你挨得更近了一些。你说什么，他都点头表示赞同。他说，他想一辈子和你在一起，然后你们相视而笑。你觉得你们一拍即合，相见如故，你在酒吧沉沉睡去，他一直护着你直到早上。你觉得，这是爱。

但是亲爱的 L 小姐，我想给你讲个故事。

我的好兄弟 W 先生，他淡的女友不被家庭接纳，他和父母抗争了很久无果后，带着女友逃离了家。父母大怒，断了 W 先生所有的经济来源，笃定两个人必然会分手。但是 W 先生并没有向家里屈服，他和女友租了一间 20 平方米的小屋子过起了穷日子。我问他："你一个富家子弟，过这种日子不觉得难受么？" W 先生对我笑："怎么不难受，但是想到不这样就会失去她，我就更难受。"所幸雨过天晴，两个人的真爱终于感动了父母，名正言顺地结了婚，现在宝宝已经八个月大了。

我们所在的世界里没有王母，他不是牛郎，你也不是织女，不会有人动用权力让你们不能结合。真正想娶你的男人，不会只做这些小事，不会因为家庭的打压就退缩，不会抛下你一个人走。他会主动去做家里的功课，会带你见家长，他会扛起他肩上的责任。

有个姑娘在豆瓣上给我发来豆油，说她和前男友爱情长跑 8 年，期间分分合合长达 15 次。最后一次分手后，仅仅四个月男友便听从了家里的安排娶了一个家境富裕的女孩，新婚前夜他给姑娘发来微信，说："我还是爱你。"姑娘很不解，问我为什么男友爱着她，可家里非要逼着他娶别的姑娘？我回复姑娘："他若真爱你，不会甘心娶别人。"

2014年9月，全世界最帅的黄金单身汉，乔治·克鲁尼和36岁的美女律师阿拉姆丁在威尼斯大婚。我知道他曾是坚定的不婚主义者，二十多年来，他总共交往过21个女友，从演员、模特、运动员到服务员，不一而足，但全部都没能修成正果。他虽从未和大众交代过官方的分手理由，但女方逼婚、男方闪躲却是大家猜测最多的说法。他和女友是在一场私人的慈善游艇晚会上相识，仅仅在半年后，克鲁尼就向阿拉姆丁求婚，并呈上一枚7克拉的定制钻戒。两个人在伦敦领取了那张他曾经避之不及的结婚证，并向全世界宣布：我之所以不婚，不过是因为没遇到真爱的人罢了。

《好想好想谈恋爱》里，孙淳饰演的伍岳峰和蒋雯丽饰演的谭艾琳分手后，在飞机上遇见曾黎饰演的张芊芊，两人一见钟情并火速结了婚。谭艾琳得知后，夜里三点冒雨大闹了伍岳峰的家，质问他："为什么和她在一起那么久一直不提结婚，分手仅三个月就闪婚，她到底哪点儿比不上张芊芊？"而伍岳峰的回答却很简单："不是你不够好，只是我更爱她。"

我们生活的这个时代，哪还有什么父母之命、媒妁之言，他若真爱你的话，怎么可能舍下你们这长达8年的感情，和一个不爱的女人结婚，谁会拿自己的幸福开玩笑。

张磊唱红了马頔的《南山南》，但我却一直觉得马頔最好听的歌不是《南山南》，而是《傲寒》，写给他女友舒傲寒的歌。

　　歌里最好听的一句不是"如果全世界都对你恶言相向，我就对你说上一世情话"，而是"忘掉名字吧，我给你一个家"。

　　我曾经看过休闲璐写马頔，她很不解马頔为什么会用女友的名字做歌名，唱"傲寒我们结婚"，尤其他又身在错综复杂的娱乐圈。而马頔的回答很简单："因为我爱她。"真好啊，在这个时代，大家都有一身自私、十条后路，可有人还是在用最简单的心思去爱。

　　所以，亲爱的姑娘们，别去听他说什么非你不可，别去留恋他的情话和承诺，一个男人最爱你的表现，是给你一个家。

▷ **爱你爱到胃痛**

那天晚上下着大雪，我们毫无悬念地又一次加班到深夜。

几个小时前送来的盒饭早已冰冰凉，偏偏微波炉"嘭"的一声短路了。爆炸声吓了我一跳，一盒油腻腻的饭菜都扣在了我的新鞋上。

有个人闻声而来，是我的同事朱迪，她的眼睛在昏暗的茶水间里闪着光。

朱迪蹲下来清理着那些油污，一边侧过头问我："你的胃是哪种疼法儿？"

我嘶嘶地说："就是疼，老毛病了，一饿就疼。"

她又问："你的药呢。"

我说："我从来不吃药，挺一挺，再睡一觉就好了。"

接着她问我："你总是胃疼，为什么不去看医生呢？"

我想了又想，这个问题还真不知如何回答。

还和她在一起的时候，每次胃疼她都会端一杯热气腾腾的开水给我，喝下去之后，即使疼痛没有好转，心里也会涌起暖意。

再早些，上高中时，每次胃疼，爸爸就会给我煮一小锅小米粥，然后再倒些牛奶进去，那粥又爽滑又清甜。"牛奶、小米都是好东西，养胃！"爸爸总是这么说。

如果爸爸对我的爱就是牛奶小米粥一样喷香，那么她对我，大概就是一杯开水一样寡淡无味吧。

我又要热泪盈眶了，朱迪轻声地说："其实这个世界上，最爱你的人，应该是你自己。"

这种鸡汤一样的话，我总是左耳进便右耳出了。可是那天晚上，我认认真真地思考了一番。

为什么我总是胃疼，却没有想过去看医生呢？大概是觉得仅仅因为"胃疼"就去看医生，不免有些娇气和小题大做吧？或者潜意识里认为胃疼这件事既不重要也不紧急呢？

首先，在时间线上是要排在开会、交报告、月末考核后面吧？

那么，在财务线上也是要排在还贷款、换掉用了快三年的旧手机后面吧？

再者，不必提公司里不加班会死人的企业文化，周末的时间也总是被那些奇奇怪怪的随机事件彻底瓜分殆尽。

我的世界，好像比我想象得更为悲凉和无趣。

朱迪笑着望着窗外。众同事之中，我最倾慕的就是她。

职场如战场。大家都认为，在这个硝烟弥漫的办公室里，活得最风轻云淡的就是朱迪了。

中午大家人仰马翻地叫外卖时，她已经在吃自己精心准备的便当了；总监口沫横飞地骂人时，只要她娓娓说几句就能平息他的怒气；我从不曾听她对任何人任何事有一丝一毫的抱怨。

不必提她脸上永远绽放的美丽微笑；也不必提一切项目经过她的手就变得井井有条，让处于下游环节的我，可以不费吹灰之力就能完成；更不必提在她起身接水的时候，从来不会忘记把我的水杯也捎带着添满。

我常常用生无可恋来形容自己：毕业了，属于自己的校园爱情也结束了，因为我不愿妥协去她的家乡；与爸妈闹翻，因为我同样不愿回老家那个四线小城做一份可以喝茶看报到老的工作。

过了几天，我的胃不疼了，我们跟着采访组进了山。因为有积雪，山路很滑，我们的装备又那么重，大家都走得很慢，我很快落到了队伍的末尾。又过了一段时间，我和朱迪终于发现——我们掉队了。

那是一座海拔 4000 米的大山，我们的手机没有任何信号。

一直到天黑下来，我们都没有找到大部队。我的两排牙齿不停地打着架。帐篷都在其他同事那里。朱迪却不停地忙碌着。她像变戏法一样燃起了一堆小小的篝火，我们喝了热水，吃了压缩饼干。

围着篝火，为了避免睡去，我们彻夜长谈。

因为我又开始胃疼，所以就从胃疼谈起。

朱迪说，她也曾经有过严重的胃病，因为小时候，她常常吃不饱。

那一夜，我听到了一个不一样的朱迪的故事。

那个叫朱迪——不，叫朱小菊的小女孩，从两岁起就被寄养在爷爷奶奶家里，她超生的弟弟和父母生活在一起。为了逃避罚款，从四岁起，她就需要在计生干部面前佯装残疾。

一直到八岁她才上小学。十二岁的时候回到父母身边，因为多吃了一块红烧肉惹哭了弟弟，被爸爸一巴掌打穿了鼓膜。跟父母还有弟弟同桌吃饭，是她胃病的根源。

高考那年，弟弟误伤了人，家里卖了房子才凑够赔款。父母要求她放弃上大学，去一个电子元件厂打工还钱。

她考上的是省内最好的大学。她在一个清晨偷偷出了门，带着录取通知书和帮人补习赚到的 280 元。火车开动的那一刻，她流着泪切断了和这个家的最后一丝亲情。

每年她都拿到国家奖学金。大三开始跟着老师做项目，毕业时已经还清了助学贷款。

我震惊得无以复加。

我想象中的朱迪的生活是和娇生惯养，甚或是中产这类形容词联系在一起的。她举手投足都是那么的优雅，她那脖子上的大溪地珍珠，她那辆精致的 smart，她那口标准的美音，根本不会属于一个叫朱小菊的曾经从垃圾桶捡剩饭吃的小女孩。

　　继续胃疼的故事吧。朱迪说，从上大学开始，她就立志摆脱胃病的折磨。然而，在她第一次拿到国家奖学金后，她发现有那么多需要买的东西：专业参考书、笔记本、新内衣、卫生棉……可能是人逢喜事，那几天胃也不太疼了。直到她花光了那笔钱，站在食堂的免费汤锅前，努力捞着里面寥寥无几的蛋花的时候，她的胃终于认认真真抗议起来。

　　她蜷缩在她的上铺，一整晚。第二天一早，她向同学借了钱，直奔医院。严重的胃溃疡，老大夫说她的溃疡已经在癌变的边缘。

　　"年轻人，要会照顾自己啊。只有身体是自己的，读书工作不要太拼命。"老大夫语重心长地说。

　　"只有身体是自己的！"那一刻，她说，她有醍醐灌顶的感觉。

　　一直以来她憋着一口气，要证明给别人看。但究竟要证明什么、给谁看，她却不甚了然。肯定不是父母，他们与她已是陌路。那么，会是曾经嘲笑过她脏、她穷的同桌小胖子吗？会是因拖欠书本费曾对她冷嘲热讽的历史老师吗？会是看见她流连在垃圾堆前而对所有人大肆宣扬的那个邻居卷发阿姨吗？不，怎么可能是他们！

那么，她究竟要证明给谁看呢？她究竟要证明什么呢？是证明她有多努力、有多拼命吗？

很长一段时间，她以为支撑她的是恨、是怨，其实，是她脆弱不堪的身体。她以为她的身体会始终忠诚地、不求回报地支持她，支持她所有的扬眉吐气，支持她最终出人头地。她以为她的身体可以等，等到她终于想起呵护它的那一天。

她看着自己的双手，大拇指上的伤疤是暖水瓶的杰作，贯穿手心的那道是弟弟刻意的报复，还有……

我忍不住端详着她葱白一般的手指，若不是她的下一句话，我真以为这一切都是她的臆想。

她说，去疤的过程比留疤还要疼。

的确，抚平心灵的伤痕不是一件容易的事。我望着她，心里的怜惜简直要满溢出来。

就像看穿了我的心思一样，她说，不需要。当你有足够的爱给自己，你就不再需要任何怜悯。这种爱绝不是自恋或者自怜，它是一种更美好的情感，是一种对生活、对生命源源不断的热爱，是让自己变成更美更好的那个人的原动力。它是你每天起床的底气，是你做一切决定的底线，是你人生最坚不可摧的基石。

她的原话不是这样的，她那种独有的磁性的语音和柔美的用词，经过我的复述失色了不少。但是有一句话我原原本本地记住了：

当你喝下一杯牛奶，感受到一股暖流经过食道，在你的胃里持久地散发着热量的时候，你会觉得爱自己是这个世界上最美好的事。

是的，爱自己，这句早已被吞咽千百次的"鸡汤"，它的含义又究竟有几个人真正洞彻？扪心自问，你此刻在做什么？此刻，你最爱的是自己吗？

第二天早上五点多，搜救队找到了我们。当穿着反光制服的急救人员问我感觉如何时，我告诉他："我胃疼，要看医生。"

是的，相信你也猜到了，当那个比我想象的更老的老大夫颤颤巍巍地告诉我"年轻人，工作读书不要太拼命"时，我接了下句："只有身体是自己的！"

望着他惊讶的表情，我忍不住笑了。

人生是一场没有彩排的大戏，没有节目单，没有剧本，也无法回头，而我们总是演到最后才大彻大悟。

可惜，生命不会再给我们一次重来的机会。幸福只有自己能给。

▷ 姑娘，请你在爱情中成为更好的人

1

昨夜凌晨两点多，睡梦中的我被一阵急促的电话铃声吵醒。

迷迷糊糊拿起手机，打开一看，是来自 C 小姐的越洋电话，她的声音带着哭腔在深夜里向我袭来。从她的叙述中，我了解到，C 小姐离婚了。

C 小姐是我的大学学姐，我一度视她为大学时期的偶像，在很长的一段时间里影响着我的人生观，也敦促我前进。

C 小姐是个大"学霸"，能演善舞，画得一手好画，父母还是成功人士。她大二时就申请了美国的交换生，是当年很多人心目中的"女神"。

可"女神"也有走下神坛的时候，某天我的 QQ 被狂轰滥炸，C 小姐一脸憔悴地出现在视频中，眼角的鱼尾纹清晰可见，穿着居家服围着围裙和我说着家长里短。我刚想开口问她过得好不好，她嚷着该做饭了，匆匆忙忙下了线。

我开始回忆起来，C小姐是从什么时候开始变得这么面目全非的？

想了想，大概是从她和教授结婚开始。

2

当年C小姐去了美国之后，课业繁重，每天起早贪黑地研究各类课程和讲座，忙到没时间吃饭，和我们这帮同学也就此不再频繁联系。

直到有一天，我的手机里跳出一条微信群消息提醒。

"我恋爱啦！"

随即映入眼帘的是C小姐和一个帅哥的亲吻自拍照。

这下，群里一下子炸开了锅，当年信誓旦旦说学业未完成不交男友的"女神"竟然恋爱了。

"C，你认真的？"

"哇，他好帅！"

"什么时候的事啊，带回来给我们看看啊。"

"你俩怎么认识的啊？快速报身高、年龄、家世、背景！"

看着满屏的消息，我的八卦之心顿时油然而生，于是点开C小姐的对话框，开始"审讯"了起来。

原来C小姐的男友是她的物理老师，比C小姐年长10岁，华侨，年纪轻轻就评上了副教授。在C小姐一个人的美国求学过程中不仅充当起了导师的角色，更当起 C 小姐的私人保姆，为 C 小姐打饭，帮 C 小姐找房子，送 C 小姐就医还守了整整一个晚上。这样一来二去，C 小姐单纯的少女心就全部托付给了他。

我很不解地问她："就这样你就缴械投降了？"要知道，当年的 C 小姐，最不缺少的就是对她献殷勤的人。

"当然不是了。" C 小姐发来大段语音。我大致花了 20 分钟听完，总结如下：

教授在 C 小姐心目中是个光芒万丈的人，事业有成，有自己的专利，懂得多，人又风趣健谈，总之就是什么都好，说他能呼风唤雨也一点儿不为过，C 小姐非常崇拜他。

因为崇拜喜欢上一个人，我最初接触这个概念的时候，是一部电视剧《法证先锋 3》，Eva 留给 Pro sir 的视频中说道："这些年来我一直都是你的小 fans，你知不知道一个小 fans 可以嫁给她的偶像，成为她偶像最爱的女人，是人生一个很大很大的成就。"鉴于当时我还是个没踏出大学校门的学生，自然没有多想。

3

C 小姐的恋爱谈得顺风顺水，她每天都和男友在一起，两个人一起上课，一起吃饭，一起逛街，一起去图书馆，一起去旅行，总之时时刻刻都要黏在一起，如胶似漆。

没多久，教授就向 C 小姐求婚，C 小姐满心欢喜地同意，成了我们这些人中最早步入婚姻殿堂的人。

某天我和 C 小姐闲聊，八卦着 ×× 男友和她分了手，×× 的就业压力，×× 去了西藏骑行，抱怨我自己考研的辛苦。C 小姐幽幽地开口，真羡慕你们啊，有这么丰富的人生。

我这才知道 C 小姐结婚后，教授的事业变得越来越忙，开始了全国演讲。C 小姐不得不放弃考研、工作，当起了全职主妇，照顾起丈夫的饮食起居，去得最多的地方就是厨房和超市，身边也没有任何可以说知心话的人。其实 C 小姐本来有很多朋友，但是自从她结婚之后，这些朋友都变透明人了。人家约她周五聚餐，她说："我去不了，老公生病了。"约她周末看电影，她说："我不去了，我要给老公做饭。"如此循环，时间久了，朋友们都识相地退下，再也不来打扰她。

我愣了一下，我原本以为 C 小姐是我们之中过得最幸福的一个，早早地嫁人，安稳地过下半生，在我们还没有能力赚钱养活自己的时候，她就住上了大房子，开上了豪车。我从来没有想过，这样一个富豪太太会羡慕起我们这样琐碎的人生。

她叹了口气，苦笑着说："我现在每天最担心的就是他变心，怕他什么时候开口说不要我了。"

4

我想起从前，C 小姐刚订婚的时候，一直不遗余力地劝我早点儿找个女人结婚生子。那个时候我正和女友闹分手，起因是我得到一个大公司的实习职位，我如果接受了就要北上一年，也就意味着放弃和女友的这段感情。

我当然不想分手，但是我也实在无法接受女友劝我的那番言论，她说："你一个专科生，跑那么老远干吗？"

我果断地分了手，并开始了北漂生涯。女友看我决心已定，寄希望于 C 小姐，希望她能开口劝我留下。我不置可否地笑笑，没有反驳她的言论。

5

C 小姐的担心不是多余的，教授出轨了。

6

教授和 C 小姐提出离婚的时候很突然，没有给 C 小姐任何商量的余地，迅速转移了财产，拿着一纸离婚协议书摆在了 C 小姐的面前。

C 小姐错愕，哭闹着要个理由。

教授于是罗列出了 C 小姐一大堆的毛病，说她不思进取，爱睡懒觉，英语口语不好，厨艺差，等等，甚至用上了"黄脸婆"这个词。他说："我已经走到了人生的 80 级台阶，而你还在 10 级，我现在找到了一起上 90 级台阶的人，我等不了你了。"

教授的这番话对于面临婚变的 C 小姐来说无疑是雪上加霜，她为了家庭所做出的牺牲，如今却成了丈夫离开她的理由，多么讽刺。

7

可爱情，是牺牲吗？

我想起一部电影，电影里郭采洁饰演的女主角为了男友放弃了自己的事业，把安全感全寄托在对方的身上，结果当对方头也不回走开的时候，她整个人都崩溃了。古天乐饰演的男主角也逃离了前女友，因为对方比他成长快太多，他在女友面前没了自信，他开始变得自卑。

爱情这种事啊，终究是要讲究平等的。平等地相互付出，才能称为爱。一味地牺牲与奉献，那不能叫爱，只能说你甘愿付出，他愿意接受罢了。

就像安妮宝贝在《蔷薇岛屿》里写道：

"最好的爱情是两个人彼此做个伴，不要束缚，不要缠绕，不要占有，不要渴望从对方的身上挖掘到意义，那是注定要落空的东西，而应该是，我们两个人，并排站在一起，看看这个落寞的人间。"

而我所认为爱情最好的状态，也如她书中所说："有两个独立的房间，各自在房间里工作，一起找小餐馆吃晚饭。散步的时候能够有很多话说，拥抱在一起的时候会觉得安全，不干涉对方的任何自由，累的时候，知道他就是家。我们很容易碰到的，都是自私或者愚蠢的人，他们爱别人，只是为了证明别人能够爱自己。或者抓在手里不肯放，直到手里的东西死去。"

8

我最喜欢《生活大爆炸》第七季里这样的一个桥段，斯图尔特告诉佩妮，他觉得佩妮和莱纳德是他见过的最般配的一对，因为他们提升了彼此的境界，佩妮让莱纳德走出了宅男世界，而莱纳德帮助佩妮对这个世界有了更深层的认识。

"so,I think you and leonard will be together." 斯图尔特说道。

如果一段感情没有把你变成更好的人，那么很遗憾，是你选错人了。

9

我一直秉承的是，好的爱情并不是一方仰望，而是彼此共同成长。

因为，没一起走过的路太多，没完成的美好还太多，没实现的承诺也太多。还未将你拍进相册，对着相片嘲笑彼此。还未有过世纪拥抱，在零点的钟声里和你接个吻。还未枕着你的肩入睡，清晨醒来就能看到笑脸和阳光。还未攀过雪山，赏过极地，看海鸥起起落落。还未跟你饮过冰，零度天气看风景。

我们的未来，一起努力。

最后用《离婚律师》里的一段台词做结尾。"我认真做人，努力地工作，为的就是有一天当站在我爱的人身边，不管他富甲一方，还是一无所有，我都可以张开手坦然拥抱他。他富有，我不用觉得自己高攀；他贫穷，我们也不至于落魄。这就是我努力的意义。"

亲爱的 C 小姐，愿你早日找到和你一起携手上人生 100 级台阶的人。

祝天下所有有情人，长长久久。

▷ 霍卡

做了一个冗长而又孤独的梦，梦到深夜里走进一条黑暗的弄堂，虽然心里清楚地知道要去找谁，七拐八拐走到尽头，敲了很多门却怎么也找不见人，醒来之后才想起要找的那个人早已结婚生子，彻底把我剔除了。他不会再来接我走了。2015，你走之后，单打独斗的第四年。

——摘自霍卡豆瓣广播

1

我所有的女性朋友当中，我最欣赏霍卡，因为她是我见过的最酷最冷的姑娘，妖艳得不行，像只狐狸。

刚开始认识她的时候，她正和我们老板闹分手，据悉是因为我们老板喝多了，和别人打电话骂她是"傍大款的"，却一不小心电话打到了她那里。霍卡于是拉黑了我们老板所有的联系方式，拒绝他的道歉，他没办法，要求我每天代写一封情书给霍卡，试图挽回。

我绞尽脑汁编出无比肉麻的情话去找她，到了她家楼下给她打电话，在电话响了至少 10 遍之后她才接起来："哪位？"我赶紧表明身份与意图，霍卡继续冷冷地说："我没空，你送上来。"

进到她家之后我还没落座，她把一堆东西扔到我面前，是老板送给她的礼物。"还给他。"霍卡的语气带着命令的口吻。我如坐针毡，不知道该说些什么，眼神一瞥，看到桌子上有张合影。是霍卡和一个男生，举止亲密，男生的脸用枫叶挡了起来。我借口上洗手间，经过卧室时往里瞄了一眼，有面墙上全都是霍卡和"枫叶男生"的拍立得照片，贴了满满一墙。我直觉，这是其前男友。

从霍卡家出来之后，我对这个不拿正眼看人的姑娘产生了强烈的好奇之心，想发掘她身上到底有着怎样的故事。

很想认识她。

2

于是我发动所有的亲朋好友，要来霍卡的微信、微博以及豆瓣账号，在研究了她所有的朋友圈之后，坚信这绝对是个有故事的姑娘。

我开始死皮赖脸地纠缠她。加了她的微信之后，忐忑不安地发了很多语音给她，说我是个给人写故事的，觉得她特别酷，从第一次见到她就开始崇拜她……希望和她成为小伙伴。

两小时过去了，她仍然没理我。

我越挫越勇，继续每天发微信对她疲劳轰炸，在我日复一日不眠不休地问候之下，霍卡终于发来消息：××酒吧，晚上九点。

我一下从沙发上弹起，洗了头，还备了解酒药，准备赴约。

我本意是想灌多霍卡，盼望她酒后吐真言，把全部过往讲给我听。没想到的是，她酒量惊人，我却喝大了。

在我模糊的记忆里，好像是霍卡把我送回了家，迷迷糊糊中，感觉到有人给我擦嘴巴，走之前还披了披被子。

转天清醒后才知道，是霍卡守了我一夜。我胃不好，喝了酒就吐得昏天暗地，她把我带回家之后，给我喝了醒酒茶。我吐了一床单，害得她凌晨了还要洗被子，我抱着垃圾桶吐的时候，她就拿热毛巾给我擦脸。我一直折腾，她就一夜没睡。

我心里特别内疚，怕她骂我，赶忙道歉。她又冷冷看了我一眼，只丢下一句："酒量不好就少喝酒。"然后起身去厨房给我煮了粥。

我看着她忙来忙去的背影，第一次觉得她好像也不是那么冷漠。

3

醉酒事件之后，我和霍卡慢慢熟络起来。

我们有时一起逛街，一起喝酒，一起聊八卦，这期间我交了新女友。为了和她交换秘密，我主动提起，但她也只是安静地听我叙述，然后笑笑，仍旧没有和我说起从前。

霍卡是个模特，每天特别忙，经常从一个秀场转到另外一个秀场，有时候连吃饭的工夫都没有。我发誓一定要撬开她的嘴，于是我也变得早出晚归，陪她工作，不知道的还以为我是她小助理。女友那段时间以为我出轨，开始悄悄跟踪我。

某天陪霍卡拍完外景回家，女友突然冲过来，以为终于抓到了"第三者"，在看清了我身边的她后，惊讶地大呼："霍卡？"

霍卡愣住了。

我们就近去了一家餐厅叙旧，我满心都是疑问，趁着霍卡点餐的工夫，开始给女友使眼色，女友拉着我特别激动地说："她就是C的前女友啊。"

哦，原来是这样啊，世界好小。

4

我第一次见到 C 的时候，他喝得不省人事。

那次是为了庆祝他订婚，C 带着未婚妻和一帮老友相见。有人点了 Eason 的一首《好久不见》，在唱到"我多么想和你见一面，看看你最近改变"，C 突然起身，大声嚷着"切了"，然后转身开门跑了出去，门被重重地砸出了声。

包厢里气氛顿时尴尬起来，我不安地看着 C 的未婚妻，姑娘拎包要走人，女友出来打圆场："我去送送她，C 喝大了，别理他，你们继续玩。"

在送走 C 的未婚妻之后，我们在 KTV 的一间空包房里找到了C，他趴在沙发上哭得撕心裂肺，嘴里一直不停地说着"我还爱你啊，你快回来啊"之类的话。

女友告诉我，C 一直忘不了他的前女友。

她还说，有机会你写写他，他俩的故事太惨了。

女友和我说了个大概，我只知道是 C 的家人硬生生拆散了他和女友，逼着他娶现在这个未婚妻。

我问女友："那姑娘什么样啊？"

女友说："是我见过最好的姑娘。"

于是从那天开始，我就一直特别想见见那个传说中最好的姑娘。

5

我实在没有办法把 C 念念不忘的好姑娘和眼前的霍卡联系到一起，那个时候我对她的印象还停留在"傍大款"上面。

霍卡长得特好看，不爱理人不爱笑，但一说起话来特带劲，追她的人很多，无一例外全是大款。

她一直不停地换男友，从她和我们老板分手后，我见她至少交过三个男友，都是一个赛一个土豪。

但人家真送她什么值钱的东西，她又不要。

我当然不理解。问她为什么，她就说："不喜欢他们，要了以后不好分手。"

我说："那你到底喜欢什么样的男人啊，有钱的你见过，有势的你也见过。大叔、小鲜肉你也找过，怎么就没见你真正喜欢过谁？"

霍卡低下头，用很小的声音说："我喜欢他。"

我一看有戏，刚想顺着这由头问下去，她话锋一转，说起了去哪里吃饭，我只好又作罢。

这是她第一次提起前男友。

6

我终于知道了他们的故事。

7

那天在餐厅，女友小心翼翼地提起 C 要结婚了，几月几日的婚
礼，在哪里举行，声势浩大。霍卡笑着说："是吗，那替我恭喜他。"
然后起身去了洗手间，很长时间都没有回来，长到我都要报警说她
失踪了。

之后她终于从洗手间出来，接着和我们喝酒，聊工作的趣事，
讲追她的大款出过的洋相，一副事不关己的样子，脸上没有任何悲
伤的情绪，一直在和我们说说笑笑。

可我分明，看见了她眼角的泪。

回到家，我威逼利诱女友从头到尾给我讲霍卡和 C 的故事，
一个细节都不许放过。

8

霍卡遇见 C 那年，她才 16 岁。

是 C 一见钟情，追了整整两年。

16 岁的少女霍卡不像现在这个样子，那时候她留着齐刘海，扎两个马尾，依然是好看的，很单纯又很可爱。她认为松花蛋是松花江的特产，是渔民们下江捞上来的。这个笑话 C 一直记到了现在，有时仍然会提起。只是每次说完他都特难过，大家也只好跟着沉默。

那时候霍卡做兼职模特，半工半读的那种。她家境不好，爸妈都在一个工厂里上班，厂子效益不好，那年双双下岗。碰巧有大学生找她做参赛作品中的模特，她那么好看，自然就吸引了模特公司的青睐，慢慢地开始有了点儿名气，把养家的责任也挑了起来。

和 C 是在一次活动中相识的，C 的爸爸是珠宝商，请来好多模特走秀，C 哪会放过这种机会，于是跑去后台看美女。在一片浓妆艳抹之中，霍卡就像一股清流——别的模特都聚在一起聊八卦，说自己用的大牌化妆品，炫耀新买的手提包包，只有霍卡，手里捧着一本数学题，在安静地写作业。

C 看她看得呆了神，秀导过来打趣道："介绍你认识？"不久便领着 C 走到了霍卡面前，揶揄"他看你看得出了神呢"。霍卡抬起头，冲 C 害羞地笑了笑，C 的心一下子被击中了。

9

打那之后，C 就开始追霍卡。

他从秀导那拿来霍卡的全部资料，在家制定好方案，还研究了话术，做好了一切准备，只等霍卡点头说同意。

C 捧着一束玫瑰花等在霍卡学校门口，等了足足两小时。

北京的冬天寒风凛冽，C 站在大风中冻得手脚冰凉，看见霍卡的那一刻还是哈着气表的白，一点儿都不美好。

不出意外地，霍卡拒绝了他，说："你挺好的，但是学业压力大，自己还得挣钱养家，没工夫谈恋爱，让他放弃。"

C 后来跟别人形容：那个当下才知道什么叫作晴天霹雳。

10

真心这条道走不通之后，C 开始砸钱。

他和霍卡表明他富二代的身份之后，霍卡开始躲着他。C 本想，霍卡知道自己爸爸特有钱后不该玩命贴上来吗，就像他以前见识过的那些莺莺燕燕。

没错，C 在遇见霍卡之前，是个十足的花花公子。

那时候 C 虽然年纪也不大，但是交往过很多姑娘，漂亮的、可爱的、真心爱他的、爱他钱的……各式各样的人都有。

他还没碰到过搞不定的姑娘。

可能也有赌气的成分吧，他发誓一定要追到她。

C去他爸店里拿了好多珠宝，甚至还是限量版的，全部都送去了霍卡的经纪公司。不止霍卡有，连她身边的姑娘都人手一份。

在秀场里的那帮模特全都一股脑地围上来，只有霍卡，看都没看那些东西，收拾好包悄悄地走了。

C又一次感觉泄了气。

11

发现钱也搞不定霍卡后，C又玩起了浪漫。

他让秀导约霍卡出来，把她带到了世贸天街，事先找人铺好了满地的玫瑰花，在广场的喷泉腾起时像个白马王子那样突然出现，认真地表了白。

霍卡说："你别花心思在我身上了，多浪费啊，那些花。"

C一听这话，怒气冲冲地走了。后来想起不能把霍卡一人扔在那，又返回去找她。

C回去后看到的是这样一个场景：

霍卡蹲在地上，旁边放着不知道从哪弄来的黑色垃圾袋，两只手冻得通红，捡地上的玫瑰花。北京的冬天多冷啊，居然有姑娘愿意冻得满手通红，收拾一堆垃圾。

如果说，当初C是带着一丝赌气的成分追霍卡，那么在慢慢了解霍卡之后，他是真心爱上了她。

12

在C坚持不懈的努力之下，霍卡终于接受了他。

霍卡后来告诉C，其实她也很喜欢他，只是觉得C这种花花公子不会对她认真，也觉得自己没有好运气能遇见白马王子。于是就把这份喜欢藏在了心里，等着C热情退散，自己就会慢慢淡出他的世界。直到后来动手术那次，才确定C是真心喜欢她。

13

那次是霍卡爸妈临时出远门，她半夜突发疾病，在床上疼得死去活来，不知道该打给谁，只好拨通了C的电话。

他夜里三点开车飞驰而来，车子飙到了一百四十迈。

医生诊断后通知C：急性阑尾炎，需要手术。C听到后跟疯了一样："这是我媳妇，你们手术要是不成功，我就荡平医院！"旁边的护士傻了眼，赶忙和 C 解释这种小手术没啥风险，并让他签手术知情同意书。C 签了字，关系那栏写着：丈夫。

C 那个时候刚满 20 岁，他当然知道不合法。我想他在手术书上签上"丈夫"，是内心想给霍卡一个承诺吧。

"我把你当妻子，我愿意为你负责。"

手术很成功，C 揪着的心也放下了。霍卡爸妈连夜赶了回来，看见 C 在女儿病床前忙前忙后，一会摸摸额头，一会掖掖被子。让他睡觉他也不去，就这么一步也不离开，守着霍卡。

霍卡在麻药过后醒过来，她妈妈对她说："我看得出来，这个男生是真心喜欢你。"

14

C 一开始带着霍卡见他那帮死党时，霍卡在他们眼里不过是临时出现在 C 身边的一个妞。他们都以为，顶多两三个月的事，她就像他以前的那些妞一样，成为过眼云烟。可是这个"云烟"在他身边一绕就是四年，最后竟变成一块坚硬的岩石矗立在 C 的心里，再也没出来。

他们最早对霍卡的印象也不好，估计比我当初也好不到哪去，特别得知她是模特，觉得这种姑娘就是为了钱，反正围绕在 C 身边的妞都那样。

直到后来有一次，这帮人去钱柜唱歌，C 又喝大了，枕在霍卡腿上睡觉，迷迷糊糊中还牵着霍卡的手。那天包房暖风坏了，大家都恨不得再多穿件衣服，而霍卡特别自然地脱了外套给 C 盖上，她自己只穿了一件很薄的开衫。

女友说，她在那一刻就明白了他们的感情。

若不是因为爱，霍卡不会宁愿自己冻着也要 C 睡好，C 都喝成那样了还下意识地去牵着她的手。爱这个事伪装不了。

15

女友第一次觉得 C 特别爱霍卡，是有一次他们几个死党聊天。

这帮人在一起特别低俗，聊的无非就是那几点，大家开始起哄，聊起他和霍卡。

C 说，我没碰她。

大伙都很震惊，那时候他们在一起很久了，两个人也已经住在了一起。C 他爸早早就给儿子买好了大别墅，C 一直自己住，他和霍卡恋爱一年后，霍卡就搬了进去。照理说，C 这种花花公子，又是天时地利人和，应该早就拿下了才对。

女友捶他："你不想和她在一起啊。"

C翻了个白眼："说不想在一起是假的，她那么好看。"

"那你为什么……"

"不为什么，她跟外面的姑娘不一样，我也舍不得。"

这帮哥们看C简直就跟个活光棍一样，太可怜了，纷纷嚷着介绍姑娘给他。

C推开缠在他身上的姑娘，摆摆手："你们玩吧，我回家了。"

"你是真爱她。"所有人都在感叹。

不是有句话说吗，对一个人产生欲望，那叫喜欢；你为一个人忍住欲望，那才是爱。

那个时候C是真心实意地爱着霍卡，流露出人类最本能的呵护和宠溺，他在心里给霍卡建造了一座水晶花园，替她阻挡外面的铁血世界，让她能一直美好地生活。

16

霍卡也很爱C。

C生日前半年，她就开始玩命赚钱，省吃俭用，最后给他买了一块名牌手表。

C问她哪来的钱，霍卡就笑笑不说话。她一直拒绝花C的钱，C给她办的附属卡她也一直放着，从来不刷。所以C就特别纳闷，霍卡怎么有钱买这么贵的手表。

C开生日派对的时候，秀导也来了。一见到C就嘱咐他，可一定得对霍卡好。

C是个富二代，可霍卡不是。他家境那么好，体会不到赚钱的辛苦。对他来说，买块几万元的手表根本不算什么。可霍卡不行，霍卡拍个照，一小时200元，如果要是冬天拍夏装的话能多给点儿，一小时300元。3万元的手表，霍卡得足足冻100个小时。

但就算这样，钱还是攒不够，因为霍卡还得养家。

那时候厂商给秀导一个新活，拍泳装。北京冬天零下二十多度，厂商为了画面效果，坚持在泳池里放冰水，拍一天给5000元。

秀导问了一圈，没人干。

霍卡站出来："我干。"

秀导大呼："你疯了啊？"

霍卡前几天一直拍外景，已经在外面冻了好几天了，高烧38度，本来马上要送她去医院的，但霍卡很坚持："我要钱有用。"

C感动坏了，他把霍卡抱在怀里，跟大伙宣布："我以后要是不娶她，你们弄死我。"

大伙一个个开始敬酒，跟参加婚礼似的，祝他们天长地久。

我后来问霍卡："那时候你怎么那么牛啊？"

她低头笑笑："那时候心里有爱，什么都能坚持。"

17

女友说 C 现在的未婚妻不爱他，我问为什么。

女友说，她明知道 C 胃不好，还带着他吃辣。

和霍卡一点儿也不一样。

C 有严重的胃病，可能是年轻那会喝酒喝伤了，疼起来不得了，不能吃生冷的食物，不能吃辣，不能吃海鲜，也不能吃太硬的。

霍卡就帮他养胃，她把 C 那些不能吃的食物一一记下来，开始熬小米粥给他喝，又怕 C 每天都喝一种粥腻，她就变着花样做各种粥，什么玉米粥、山药粥、糯米麦粥、百合大枣粥……她又从网上看到治疗胃病的偏方，说把白酒倒在茶盅里，打入一个鸡蛋，然后煮熟酒和鸡蛋，早上空腹吃。霍卡就每天五点钟起床，给 C 煮着吃。

C 的胃病就在霍卡如此精心地照料下慢慢好起来，再也没犯过。

他俩分手后，女友和她那帮哥们一起去 C 家里玩，翻箱倒柜地找出家里所有的红酒和香槟，喝了个昏天暗地。半夜睡醒饿了，所有人又开始翻箱倒柜找能吃的。

有人找到一个菜谱，举着手问谁会做饭，C 拿过去看了看，是霍卡写的养胃日记。

"×× 月 ×× 日，晚饭喝了玉米粥，他胃还是痛。"

"×× 月 ×× 日，午饭做了山药粥，给他捂了胃午睡，希望睡醒不痛了。"

"×× 月 ×× 日，今天已经可以吃些简单的蔬菜了，好棒！"

C 的胃又开始痛。

18

霍卡离开后，C 不止胃痛，最大的表现是，他开始失眠。

他又回到了以前那种灯红酒绿的状态，整天流连夜场，从一个酒局喝到另一个酒局，抱一个又一个姑娘。

有熟人见到，问起霍卡，C 就说："她是谁啊，我不记得了。"

他用这种浪子形象治疗情伤，想向所有人证明没有霍卡他依然活得很好，他想爱谁就爱谁，想不爱就不爱，他还是那个呼风唤雨的富家公子，勾勾手就来几个姑娘。

可，回到家呢？

C 开始整夜整夜地失眠，他翻个身就看到床头霍卡的照片，他去客厅看电视，墙上就是霍卡的画报，他起床去洗手间，那里就摆着霍卡的牙刷，他走过的每一个地方都有霍卡的影子。他只能躺在床上望着天花板发呆，从深夜望到天亮。

这段感情对他来说太深刻，那些过去像抹不掉的文身，一刀一刀刻在皮肤里，一笔一画刺进他心里，一点一滴渗入骨髓里，再怎么伪装也无济于事。

C后来说过，没法忘，就像打断骨头还连着筋。

这种痛感，谁深深爱过谁知道。

19

后来的故事是霍卡讲给我的。

20

霍卡大学毕业后，C就把她带回了家，郑重地介绍给家人，说要娶她当老婆。

C爸妈根本没抬眼看人，姿态高高在上，像面试官一样，照例询问了霍卡的家世。在问遍了祖上十八代之后，鄙夷地对C说："你就找这样一个姑娘？"

其实C爸妈早就知道霍卡的存在，估计跟C那帮哥们一样，觉得儿子不过是玩玩，花花公子嘛，哪有什么天长地久。

他们期望着，C能步入多年前就安排好的生活，和门当户对的姑娘谈恋爱，然后两个家庭双双获益。这才是他应该有的人生轨迹，才是他这样出身的孩子应该做的事。和霍卡的那些年，不过是离经叛道，他们唯独理解不了的是C口中所谓的真爱。

C说只要霍卡，扬言可以放弃一切，拉着她就要离开。

他妈在背后放狠话，说他如果今天出了这个门，就断了C全部的经济来源，她倒要看看没了钱，霍卡还怎么跟着他。

C把车钥匙、身上的现金和所有卡全部掏出来，扔在他妈面前，带着霍卡头也不回地走人。

他俩从C家里搬了出去，租了一间20平方米的小屋，两个人还在路边摊上花了50元办了个假结婚证，过起了小日子。

21

霍卡过过苦日子，但是C没有。

都说从奢入俭难，C和以前一样，花钱还是这么大手大脚，这么多年来他已经习惯坐享其成，也没有任何赚钱的本领。霍卡不得不开始走夜场，赚更多的钱，维持两个人的生计。

但是C特别讨厌她接这种工作，拦着不让她去。霍卡无奈，觉得C不理解她，她只是不想C委屈自己，和她一起吃路边摊。

他们第一次意见有了分歧。

后来他们常常吵架，C脾气变得古怪，和以前那些"莺莺燕燕"又有了联系，渐渐变得不回家。

霍卡最后一次见到他，是在一家新开的酒吧，那天霍卡在台上走秀，远远就看见一帮熟悉的面孔，C面无表情地坐在其中，怀里搂着一个姑娘。

C从一片烟雾缭绕中也看见了她，他们两个人就这么一直对望着，望到霍卡腿开始发软，望到台上队伍乱了，望到秀导在后台大骂。

他们离开时在酒吧门口碰到，霍卡在心里给自己打气，她把眼泪忍下去，攥着拳头开口问："你还爱我吗？"

C说："我不知道。"他看似不经意地举起榔头，砸了那个属于霍卡的水晶花园，玻璃和瓦片到处乱飞，她被割得生疼，变得无家可归。

电影早晚要落幕。

他们演遍剧情中所有平淡和高潮，最终还是分手。他们打上全剧终的字幕，毁了所有人心目中的天长地久。

22

我后来和霍卡去过一次五台山。

我们翻山越岭，徒步爬到了顶。上了香，拜了佛，抽了支签。

大师说我命犯桃花，没啥真爱，但是一生有钱。我听到后手舞足蹈，转头和霍卡炫耀，才发现她不见了。我围着寺庙到处找，被小僧带着转来转去，最后在一个叫五爷庙的地方找到了她，我看见她跪拜在佛前虔诚地许愿，据说那里特别灵验。

她出来后我问她许了什么愿，她说："我求五爷让我下辈子变得有钱，有钱的人家那么多，为什么不是我？"

我突然就想起，那个时候女友在餐厅告诉霍卡C要结婚的消息，她消失了很长时间。在那段时间里，她是不是对着镜子反复问了无数遍：为什么不是我？

新娘，为什么，不是我？

23

C的婚礼，霍卡还是去了。一个人，站在角落里。

我看见她的时候，司仪在宣读："你愿意娶这个女人吗？爱她、忠诚于她，无论她贫困、患病或者残疾，直至死亡。"C低着头发呆，司仪碰了碰他，他木然点头说："我愿意。"

司仪邀请全场举杯，祝福两位新人。

我再看过去，霍卡已经走了。

我不放心她，婚礼结束后去她家找她。我买了啤酒，我说今晚我们不醉不归。我依然不胜酒力,霍卡喝了多少我不知道,她没有醉。

我半夜睡醒,看见霍卡站在阳台上,手靠着栏杆看着楼下,不知道在想些什么。街上情侣一直在争吵,跌宕起伏像部连续剧。

我没有叫她。

她哭了吗?或许是吧。

我太懂她此刻的感受,我相信每个失恋的人都有过她这种迷茫,他们分手后,对方已经翻篇了,迈着大步勇敢奔向新生活,而她还站在原地陷入过去的回忆里没法前进,也不知道是该放手还是继续。

24

霍卡至今都没有告诉过 C,他俩曾经有过一个小孩。

那次最后一次相见,她知道自己怀孕了,她想抓住一根浮生稻草,她咽着眼泪忍下背叛,她问他:"你还爱我吗?"

她没有告诉任何人,她说她的心早死了,在 22 岁那年,在看到那个姑娘的当下,在 C 说我不知道的时刻就死了。

我说:"C 还爱你,他有知情权,你应该告诉他。"

霍卡摇摇头:"不能说啊,这样他才能走得更远,头也不回,过他的人生。"

所以你明白她为什么一直在"傍大款"，她和 C 当年一样，用惨烈的方式伪装着自己，她在隔岸观火举着白旗呐喊：她和 C 在一起就是为了钱，C 离开她，她就找更有钱的男人。

她一直爱得这么悄无声息，爱到什么都不麻烦他独自承担一切，爱到满墙都是他的枫叶照片却不敢看他的脸，爱到婚礼结束一个人在露台站了一整夜。

她一直都这么会隐藏。

25

这些年我写过不少故事，那些故事里多多少少有他们两个人的影子，只是和这些真实情节唯一不同的是，我在那些故事里让他们有了一个美满结局。这是关于霍卡的最后一个故事，快结尾时我难过得掉下眼泪，在心里和她说了个再见。

我所有的朋友当中，我最喜欢霍卡。她简单、坚定、勇敢、纯粹。她最酷，最善良。她够潇洒，她也够不幸。

我希望她得到幸福，愿意用我自己全部的幸福换取她能幸福。

▷　生活给你的风景

　　一次有个读者问我，自己读完高中就出来工作了，没学历，没能力，如果去大城市，会过得怎么样？我回复他，我的前同事 K 就是这样，他过得很好。

　　回复完这句话之后觉得有点儿草率，还是得找当事人聊聊。于是，我在某个阳光明媚的下午用微信语音采访了 K。记得几个月前，我们还是一块加完班吃烤串的小伙伴，此时我还在继续加班，他却在外地纵情山水。其实是他给自己放了个长假，辞职后就开始愉快地游山玩水。

　　K 是 "90 后"，年纪不大，因为没有上大学，比同龄人多了四年的工作经验。跟他接触的时候，就发现他比同龄人成熟得多。在跟他共事的时间里也能很明显地感觉到，他的行动力非常强，我想，这也跟他从小生长的环境，以及后来的人生经历有关吧。

1. 高中毕业他放弃了上大学的机会，加入了北漂大军

2010 年夏天，他和所有寒窗苦读十年的考生一样，带着父母的殷切希望走进了高考的考场。不同的是，当录取分数线下来以后，K 主动放弃了上大学的机会。

K 在日记本里曾经写下这段文字：

"高考毕业，原本有机会上大学，不过当年报的是播音主持，又是三本，学费极高。一天下午，跟老爸商量要不要去上这个三本，老爸坐在沙发上抽烟，一根接着一根。父亲比我大 34 岁，加上这些年的劳累，衬着那天下午的阳光，他显得格外苍老。就在那天下午，我做出决定——北漂！

与别的北漂不同，我没有在小时候就梦想着一定要到大城市发展，而是生活走到了这一步，命运让我选择了北漂。"

我问他：你做出这个决定，家人的反应如何？

K 说：他们都不支持，但我性格就那么犟。说来就来了。

我：来的时候带了多少钱？

K：不记得了，不到 3000 元吧。

我：这么少？租房的钱都不够吧。（要知道北京五环边上一个单间，20 平方米不到，每月都要 2000 元左右。）

K：去了之后，我为了省钱，就找了七里渠的一个平房，月租是 350 元。（我查了一下，七里渠是在北五环外。）

2. 想要快速挣钱养活自己，于是去学编程

K 通过学习编程找到了第一份工作，跟很多小人物逆袭的故事一样，这其中有很多艰辛。

在职业选择方面，K 请教了当时也在北漂的表哥。那个时候的 K 太稚嫩，没有多少人生经验，也没有拿得出手的学历，更没有让人认可的能力，俗称"三无青年"。谁甘愿一直"三无"下去呢？K 心里很清楚，没有钱就买不来自己想要的生活，那个时候的 K 内心很急迫，非常想快速学会一种工作用得上的技能。于是，那个时候的"人生导师"表哥建议他去学编程，毕竟编程是一门至少几十年内不会被淘汰的技术，而且程序员的待遇比起一般岗位来说还是不错的。

于是，K 跟表哥借了钱，准备去报一个程序员培训班。

付学费之前，他咨询了培训班的老师：学完之后，大概能有多少人找到满意的工作？

老师很诚实地回答：一个班 40 个人，学完之后能找到满意工作的大概也就三四个吧。（也未免太诚实了点。）

K 说，既然没有退路，那就赌一把吧！我一定会成为这三四个人里的一个。

3. 一年的时间，学完了三个学期的课

2010 年下半年，K 开始去离他二十多千米的培训学校上课。

他说那个冬天过得挺艰苦。

K 住的地方离培训学校有二十多千米，也就是说，每天从出门到学校，路上就得花上三个小时，一天来回就是六个小时。为了保证八点半准时上课，他每天五点起床。

我好奇地问了一句："难道那个培训学校没宿舍吗？"

K 回答："有宿舍。报名的时候我去看了一眼，宿舍里很多同学都在玩游戏、打牌，环境很脏乱。你可以想象得到，那就是培训学校该有的样子。但是我不能跟他们一起玩，我知道自己的处境。即使远，我还是要住在自己的屋子里，只有那样，才能真正沉下心去学习。"

为了能早点儿找到工作赚到钱，那个冬天从早到晚，K 除了上课就是泡在自习室学习。每天五点出门，晚上九点多回到空荡荡的屋子，洗漱一下，继续看书，十二点合上书，睡觉。

他说 2011 年的冬天也很苦，身上没钱，又不好意思跟家里多要，每天吃泡面、馒头。那时候的生活特别规律，早上五点起床，洗漱完之后把电脑抱身上，坐床上学习。

2012 年本来还有一个学期的课，K 说他实在等不及了，当时的状态逼迫他必须尽早出去找工作。为了快点儿学完，他几乎一直

是自学。终于 K 在 2011 年底学完了三个学期的课程。

4. 找工作有惊也有喜

2012 年初，K 终于有底气去投简历了。一开始收到的反馈还是不错的，身边的朋友都是平均投 10 份简历才有一个面试通知，可是他投 5 份简历就有一个面试通知。他从中筛选出了几家自认为不错的公司，然后就信心满满去面试了。

第一家面试的时候就受到打击了。

K 开始回忆那次的面试经历，那个面试官问了几个问题，他都没有答上来。面试官用非常鄙夷的眼神看着他，语气里透着满满的不屑。那种不屑就好像在说：你们这些不正规的培训学校出来的，果然不学无术。

他当时特别沮丧，感觉自己的整个人生都被否定了。开始怀疑这一年多的努力是不是都白费了？

回学校后他的心情很低落，当时培训学校的老师也看出来了，就问他怎么回事。他把来龙去脉一说，老师安慰他："你只是紧张而已，我相信，以你平时的实力，这些题是不可能难倒你的。"然后老师又把这些问题换了个方式问了一遍，他全部都答上来了。

后来几次面试都还挺顺利。K 去了一家大公司，具体名字就不说了。之后的工作一直很顺利，因为很勤奋，不怕吃苦，非常受领导赏识。

再后来到了我们公司，我跟他共事的时间里，他没有一次迟到早退，也没有请过假。每天准时上班，晚上加班或者看书到 10 点，还坚持隔几天锻炼一次。

5. 后记

聊完之后，我问他这一年经历给他最大的感受是什么？

他特别"鸡汤"地回了我一句："生活给你的，一定是你能承受的。"

"怎么说呢？"我继续追问。

"高考也好，住那个脏乱差的出租屋也好，一个人北漂也好，现在看来，我觉得都是命运的安排。生活给你的选择，只要坚持下去，一定能等到阳光普照。"

跟他聊完之后，我有几点感悟：

（1）信念很重要

K 在学习的时候，就是抱着一定要努力，一定要找到一份满意的工作的念头。这个念头支撑着他忍受住很多生活上的不如意。"混不好就不回去"这样破釜沉舟的信念让他越走越好。

（2）自助者天助

K 说虽然在培训学校学习的那一年多时间，生活非常艰苦，但是遇到了很多贵人，身边的老师和同学都特别愿意帮他。我想，谁不愿意帮助一个勤奋上进的人呢？而且我在跟 K 相处的过程中，发现他是一个非常知恩图报的人，所以他有事我也会毫不犹豫地帮他。

（3）学历不是起点，更不是终点

在跟他聊天的过程中，他一再强调，不上大学是他自己选择的，希望我写文章的时候不要误导大家。他担心会有很多人看了这篇文章就不想上大学了。我说，我相信读者的判断力，他们知道我要表达的意思。

如果一个人离开了学校就停止了学习，他学历再高也没有用。

相反，如果一个人坚持学习和成长，即便他是小学学历，大家也不敢轻视他。

K 说之前看过一本书，那本书的作者说，人生地图是要在一生中不断去描绘的。

有些人在年轻的时候就规划好整个人生，然后按照已经规划好的路线去走，这是不对的。人生也有试错、改变、成长的机会，可以随时调整方向。

（4）他没有成功，但是一定在成功的路上

看开头的时候，大家可能以为这是一个成功人士的故事。但我觉得那些成功人士离我们太远，还不如看看身边人的生活状态。K

的收入多少，我一直没问过，不会太高，大概是程序员的平均工资水平吧。

我想，他没有成功，但是一定在成功的路上。这是一个美好的祝愿。

至少，在他的家人眼里，比他家乡那些在煤矿工作的同龄人更成功些吧。